环境监测仪器适用性检测标准规范

（水质卷）

中国环境监测总站　编

中国环境出版社·北京

图书在版编目（CIP）数据

环境监测仪器适用性检测标准规范. 水质卷/中国环境监测总站编. —北京：中国环境出版社，2013.3
ISBN 978-7-5111-1295-8

Ⅰ. ①环…　Ⅱ. ①中…　Ⅲ. ①水质监测—环境监测仪器—监测标准—技术手册　Ⅳ. ①X85-62

中国版本图书馆 CIP 数据核字（2013）第 018735 号

出 版 人　王新程
责任编辑　赵惠芬
责任校对　唐丽虹
封面设计　刘丹妮

出版发行　中国环境出版社
（100062　北京市东城区广渠门内大街 16 号）
网　　址：http://www.cesp.com.cn
电子邮箱：bjgl@cesp.com.cn
联系电话：010-67112765（编辑管理部）
发行热线：010-67125803，010-67113405（传真）

印　　刷　北京东海印刷有限公司
经　　销　各地新华书店
版　　次　2013 年 3 月第 1 版
印　　次　2013 年 3 月第 1 次印刷
开　　本　880×1230　1/16
印　　张　13.75
字　　数　400 千字
定　　价　45.00 元

《环境监测仪器适用性检测标准规范》（水质卷）

编 委 会

主　编：陈　斌

副主编：杨　凯

编　委：（按姓名拼音排序）

陈　斌　迟　郢　贺　鹏　孙海林　王晓慧

王　强　王利燕　杨　凯　杨　勇　周　刚

左　航　张　杨　钟　琪　赵金宝

前　言

为使广大环境监测工作者以及环境监测仪器生产厂家及时、全面掌握和正确使用国家水环境保护标准，进一步推动环境水质在线监测仪器的适用性检测工作，中国环境监测总站组织编制了《环境监测仪器适用性检测标准规范》(水质卷)。该书分仪器技术要求篇和实验室标准分析方法篇两部分，仪器技术要求篇涵盖了化学需氧量(COD_{Cr})、氨氮、pH 等水质自动分析仪技术要求 15 篇；实验室标准分析方法篇包括了化学需氧量、氨氮、高锰酸盐指数等与在线监测仪器密切相关的实验室标准分析方法 21 篇。

中国环境监测总站编制组

2013 年 1 月 21 日

目　录

第一篇　仪器技术要求

第二篇　实验室标准分析方法

第一篇
仪器技术要求

中华人民共和国环境保护行业标准

pH 水质自动分析仪技术要求

HJ/T 96—2003

The technical requirement for water quality automatic analyzer of pH

2003-03-28 发布　　2003-07-01 实施

1 范围

本技术要求规定了地表水、工业污水和市政污水的 pH 水质自动分析仪的技术性能要求和性能试验方法，适用于该类仪器的研制生产和性能检验。

2 规范性引用文件

下列文件中的条款通过本标准的引用而成为本标准的条款。凡是注日期的引用文件，其随后所有的修改单（不包括勘误的内容）或修订版均不适用于本标准，然而，鼓励本标准达成协议的各方研究是否可使用这些文件的最新版本。凡是不注日期的引用文件，其最新版本适用于本标准。

GB 6920—86　水质　pH 值的测定　玻璃电极法

3 术语和定义

下列术语和定义适用于本标准。

3.1　试样

指导入自动分析仪的地表水、工业污水和市政污水。

3.2　pH 标准液

用基准试剂配制的 pH 标准溶液。

3.2.1　邻苯二甲酸氢盐 pH 标准液

用邻苯二甲酸氢盐配制的 pH＝4.008（25℃）的标准溶液。

3.2.2　中性磷酸盐 pH 标准液

用中性磷酸盐配制的 pH＝6.865（25℃）的标准溶液。

3.2.3　四硼酸钠 pH 标准液

用四硼酸钠配制的 pH＝9.180（25℃）的标准溶液。

3.3　漂移

指采用本技术要求中规定的 pH 标准液为试样连续测试，仪器指示值在一定时间内变化的大小。

3.4　平均无故障连续运行时间

指自动分析仪在检验期间的总运行时间（h）与发生故障次数（次）的比值，以“MTBF”表示，单位为：h/次。

3.5　响应时间

将电极从 pH＝6.865 的标准液移入 pH＝4.008 的标准液中，显示值达到 pH＝4.3 时所需要的时间。

4　测定原理和测量范围

测定原理：玻璃电极法。

测量最小范围：pH 2～12（0～40℃）。

5　工作电压与频率

工作电压为单相（220±20）V，频率为（50±0.5）Hz。

6　性能要求

6.1　当采用第 8 项试验时，pH 自动分析仪的性能必须满足表 1 的技术要求。

表 1　pH 自动分析仪的性能指标

项目	性能	试验方法
重复性	±0.1pH 以内	8.3.1
漂移（pH=9）	±0.1pH 以内	8.3.2
漂移（pH=7）	±0.1pH 以内	8.3.3
漂移（pH=4）	±0.1pH 以内	8.3.4
响应时间	0.5min 以内	8.3.5
温度补偿精度	±0.1pH 以内	8.3.6
MTBF	≥720h/次	8.3.7
实际水样比对试验	±0.1pH 以内	8.3.8
电压稳定性	指示值的变动在±0.1pH 以内	8.3.9
绝缘阻抗	5MΩ以上	8.3.10

6.2　系统具有设定、校对、断电保护、来电恢复、故障报警功能，以及时间、参数显示功能，包括年、月、日和时、分以及测量值等。

7　仪器构造

7.1　一般构造

必须满足以下各项要求。

7.1.1　结构合理，产品组装坚固、零部件紧固无松动。

7.1.2　在正常的运行状态下，可平稳工作，无安全危险。

7.1.3　各部件不易产生机械、电路故障，构造无安全危险。

7.1.4　具有不因水的浸湿、结露等而影响自动分析仪运行的性能。

7.1.5　便于维护、检查作业，无安全危险。

7.1.6　显示器无污点、损伤。显示部分的字符笔画亮度均匀、清晰；无暗角、黑斑、彩虹、气泡、暗显示、隐划、不显示、闪烁等现象。

7.1.7　说明功能的文字、符号、标志应符合本标准“9 标识”的规定。

7.2　构造

pH 自动分析仪由检测单元、信号转换器、显示记录、数据处理、信号传输单元等构成。

7.3　采样部分

有完整密闭的采样系统。

7.4 测量单元

指将电极浸入试样，产生的信号稳定地传输至显示记录单元。由玻璃电极、参比电极、温度补偿传感器及电极支持部分等构成。

7.4.1 玻璃电极。

7.4.2 参比电极。

7.4.3 温度补偿传感器 指铂镍热电耦等温度传感器。

7.4.4 电极支持部分 指固定电极的电极套管，由不锈钢、硬质聚氯乙烯、聚丙烯等不受试样侵蚀的材质构成。

7.4.5 信号转换器及显示器 具有防水滴构造，电极与转换器的距离应尽可能短。

7.5 显示记录单元

具有将 pH 值以等分刻度、数字形式显示记录、打印下来的功能。

7.6 数据传输装置

有完整的数据采集、传输系统。

7.7 附属装置

根据需要，自动分析仪可配置以下附属装置。

7.7.1 电极清洗装置 指采用水等流体清洗电极的清洗装置等。

7.7.2 自动采水装置 指自动采集试样并将其以一定流速输送至测量系统的装置。

8 检验方法

8.1 试验条件

8.1.1 环境温度 在 10～40℃之间的任意温度下，试验期间的温度变化在±5℃/d 以内。

8.1.2 相对湿度 在（65±20）%以内。

8.1.3 电压 规定的电压（220±20）V。

8.1.4 电源频率 规定的频率（50±0.5）Hz。

8.1.5 流速 制造商规定的流速。

8.1.6 pH 标准液温度（25±1）℃。

8.2 试验准备及校正

8.2.1 试验准备 长期处于干燥状态的玻璃电极上的水，应预先将电极浸入水中浸泡过夜后，与信号转换器连接。接通电源，至试验开始前自动分析仪应预热 30min 以上，以使各部分功能及显示记录单元稳定。在电极受沾污情况下，必要时应采用洗涤剂、0.01mol/L 盐酸等洗涤后，用流水充分洗净。

8.2.2 校正 校正的操作程序如下：

8.2.2.1 将电极浸入 pH＝9.180 的标准液，将指示值调为 pH 标准液的值。

8.2.2.2 将电极浸入 pH＝6.865 的标准液，将指示值调为 pH 标准液的值。

8.2.2.3 将电极浸入 pH＝4.008 的标准液，将指示值调为 pH 标准液的值。

8.2.2.4 调节 交替进行 8.2.2.1、8.2.2.2 和 8.2.2.3 操作，调节分析仪直至显示值与标准液的测定值之差在±0.1 pH 以内为止。

备注：在交替试验时，应用蒸馏水充分洗净并吸干玻璃电极上的水，在测量过程中，必须充分搅拌 pH 标准液使其流动均匀。以下同此。

8.3 性能试验方法

8.3.1 重复性 在 8.1 的试验条件下，将电极浸入 pH＝4.008 的标准液，连续测定 6 次。求出各次测定值与平均值之差，最大差值即为重复性。

8.3.2 漂移（pH＝9.180） 将电极浸入 pH＝9.180 的标准液中，读取 5min 后的测量值为初始值，连续测定 24h。与初始值比较，计算该段时间内的最大变化幅度。

8.3.3 漂移（pH＝6.865） 将电极浸入 pH＝6.865 的标准液中，读取 5min 后的测量值为初始值，连续测定 24h。与初始值比较，计算该段时间内的最大变化幅度。

8.3.4 漂移（pH＝4.008） 将电极浸入 pH＝4.008 的标准液中，读取 5 min 后的测量值为初始值，连续测定 24h。与初始值比较，计算该段时间内的最大变化幅度。

8.3.5 响应时间 将电极从 pH＝6.865 的标准液移入 pH＝4.008 的标准液中，记录测定显示值达到 pH＝4.3 时所需要的时间。

8.3.6 温度补偿精度 将带有温度补偿传感器的玻璃电极浸入 pH＝4.008 的标准液中，在 10～30℃之间以 5℃的变化方式改变液温，并测定 pH 值。根据测定结果求出各测量值与该温度下 pH＝4.008 标准液标准 pH 值之差。

8.3.7 平均无故障连续运行时间 采用实际水样，连续运行 2 个月，记录总运行时间（h）和故障次数（次），计算平均无故障连续运行时间（MTBF）≥720 h/次（此项指标可在现场进行考核）。

8.3.8 实际水样比对实验 选择 10 种或 10 种以上分布在高、中、低 3 个 pH 水平的实际水样，分别以自动分析仪与国标方法（GB 6920—86）对水样进行比对实验，每种水样的比对实验次数应分别不少于 15 次，计算测量结果的最大误差。

8.3.9 电压稳定性 将电极浸入 pH＝4.008（25℃）的标准液中，在显示值稳定后，加上高于或低于规定电压 10%的电源电压，读取显示值，计算其与规定电压下的 pH 值的最大误差。

8.3.10 绝缘阻抗 在正常环境下，在关闭自动分析仪电路状态时，采用国家规定的阻抗计（直流 500V 绝缘阻抗计）测量电源相与机壳（接地端）之间的绝缘阻抗。

9 标识

在仪器上，必须在醒目处端正地表示以下有关事项，并符合国家的有关规定。

9.1 名称及型号。

9.2 测定对象。

9.3 测定范围。

9.4 使用温度范围。

9.5 电源类别及容量。

9.6 制造商名称。

9.7 生产日期和生产批号。

9.8 信号输出种类（必要时）。

10 操作说明书

操作说明书中，至少必须说明以下有关事项。

10.1 安装场所的选择。

10.2 试样流量。

10.3 配管及配线。

10.4 预热时间。

10.5 使用方法。

10.5.1 测定的准备及校正方法。

10.5.2 校正液的配制方法。

10.5.3 测定操作方法。

10.5.4 测定停止时的处置。

10.6　维护检查。

10.6.1　日常检查方法。

10.6.2　定期检查方法。

10.6.3　电极系统的清洗。

10.6.4　故障时的对策。

10.7　其他使用上应注意的事项。

11　校验

11.1　日常校验

重现性、漂移和响应时间校准周期为每月至少进行一次现场校验，可自动校准或手工校准。

11.2　监督校验

安装的连续监测系统须定期进行校验，并将定期校验结果报送相应的环境保护行政主管部门。

定期校验由具有相应资质的监测机构承担。

定期校验主要包括按环境监测技术规范进行现场比对测试、对运行数据和日常运行记录审核检查等。

附加说明：

本标准由国家环境保护总局科技标准司提出。

本标准由中国环境监测总站负责起草。

本标准由国家环境保护总局负责解释。

中华人民共和国环境保护行业标准

电导率水质自动分析仪技术要求

HJ/T 97—2003

The technical requirement for water quality automatic analyzer of electroconductivity

2003-03-28 发布　　2003-07-01 实施

1　范围

本技术要求规定了地表水、工业污水和市政污水的电导率水质自动分析仪的技术性能要求和性能试验方法，适用于该类仪器的研制生产和性能检验。

2　术语和定义

下列术语和定义适用于本标准。

2.1　试样

指导入自动分析仪的地表水、工业污水和市政污水。

2.2　零点漂移

指采用本技术要求中规定的零点校正液为试样连续测试，自动分析仪的指示值在一定时间内变化的大小相对于量程的百分率。

2.3　量程漂移

指采用本技术要求中规定的量程校正液为试样连续测试，自动分析仪的指示值在一定时间内变化的大小相对于量程的百分率。

2.4　平均无故障连续运行时间

指自动分析仪在检验期间的总运行时间（h）与发生故障次数（次）的比值，以“MTBF”表示，单位为：h/次。

2.5　响应时间（T_{90}）

将电极系统从零点校正液移入量程校正液中，指示值达到该溶液标准电导率值的90%时所需要的时间。

3　测定原理与测量范围

测定原理：电极法。

测量最小范围：0～500 mS/m（0～40℃）。

4　工作电压与频率

工作电压为单相（220±20）V，频率为（50±0.5）Hz。

5　性能要求

5.1　当采用第 8 项试验时，电导率自动分析仪的性能必须满足表 1 的技术要求。

表 1　电导率自动分析仪的性能指标

项目	性能	试验方法
重复性误差	±1%	7.4.1
零点漂移	±1%	7.4.2
量程漂移	±1%	7.4.3
响应时间（T_{90}）	0.5 min	7.4.4
温度补偿精度	±1%	7.4.5
MTBF	≥720 h/次	7.4.6
实际水样比对试验	±1%	7.4.7
电压稳定性	指示值的变动在±1%以内	7.4.8
绝缘阻抗	5MΩ以上	7.4.9

5.2　系统具有设定、校对、断电保护、故障报警功能，以及时间、参数显示功能，包括年、月、日和时、分以及测量值等。

6　仪器构造

6.1　一般构造　必须满足以下各项要求。

6.1.1　结构合理，产品组装坚固、零部件紧固无松动。

6.1.2　在正常的运行状态下，可平稳工作，无安全危险。

6.1.3　各部件不易产生机械、电路故障，构造无安全危险。

6.1.4　具有不因水的浸湿、结露等而影响自动分析仪运行的性能。

6.1.5　便于维护、检查作业，无安全危险。

6.1.6　显示器无污点、损伤。显示部分的字符笔画亮度均匀、清晰；无暗角、黑斑、彩虹、气泡、暗显示、隐划、不显示、闪烁等现象。

6.1.7　说明功能的文字、符号、标志应符合本标准“8 标识”的规定。

6.2　构造　电导率自动分析仪由检测单元、信号转换器、显示记录、数据处理、信号传输单元等构成。

6.3　采样部分　有完整密闭的采样系统。

6.4　测量单元　指将电极浸入试样，产生的信号稳定地传输至显示记录单元。由电导率测量池（以下简称“电导池”）、电极系统、温度补偿传感器及电极支持部分等构成。

6.4.1　电导池　由合成树脂等构成。

6.4.2　电极系统。

6.4.3　温度补偿传感器　指铂镍热电耦等温度传感器。

6.4.4　电极支持部分　指固定电极的电极套管，由不锈钢、硬质聚氯乙烯、聚丙烯等不受试样侵蚀的材质构成。

6.4.5　信号转换器及显示器　具有防水滴构造，电极与转换器的距离应尽可能短。

6.5　显示记录单元　具有将电导率值以等分刻度、数字形式显示记录、打印的功能。

6.6　数据传输装置　有完整的数据采集、传输系统。

6.7　附属装置　根据需要，自动分析仪可配置以下附属装置。

6.7.1　电极清洗装置　指采用水等流体清洗电极的清洗装置等。

6.7.2　自动采水装置　指自动采集试样并将其以一定流速输送至电导池的装置。

7 检验方法

7.1 试验条件

7.1.1 环境温度 在 10～40℃之间，试验期间的温度变化在±5℃/d 以内。

7.1.2 相对湿度 （65±20）%以内。

7.1.3 电压 规定的电压（220±20）V。

7.1.4 电源频率 规定的频率（50±0.5）Hz。

7.1.5 流速 制造商规定的流速。

7.1.6 电导率标准液温度 （25.0±0.5）℃。

7.2 试剂

7.2.1 纯水 将蒸馏水通过离子交换柱，电导率应小于 0.1 mS/m。

7.2.2 零点校正液 采用 8.2.1 的纯水。

7.2.3 量程校正液 采用 80%量程值的溶液。

7.2.4 0.010 0 mol/L KCl 标准溶液 称取 0.745 6 g 于 105℃干燥 2h 并冷却后的氯化钾（KCl），溶解于纯水中，于 25℃下定容至 1 000 ml。此溶液（0.010 0 mol/L KCl）在 25℃时的电导率为 141.3 mS/m。

7.3 试验准备及校正

7.3.1 试验准备 将电极与信号转换器连接。接通电源，至试验开始前自动分析仪应预热 30 min 以上，以使各部分功能及显示记录单元稳定。在电极受沾污情况下，必要时应采用洗涤剂、0.01 mol/L 盐酸等洗涤后，用流水充分洗净并吸干电极。

7.3.2 校正

7.3.2.1 将电极浸入零点校正液，将指示值调整为零点值。

7.3.2.2 将电极浸入量程校正液，将指示值调整为 0.030 0 mol/L KCl 标准液的电导率值。

7.3.2.3 调节 交替进行 7.3.2.1 和 7.3.2.2 操作，调节分析仪直至标准液的测定值与标准值之差在±1%以内为止。

备注：在交替试验时，应用纯水充分洗净电导池及电极系统，以下同此。

7.4 性能试验方法

7.4.1 重复性误差 在 7.1 的试验条件下，将电极系统浸入 0.010 0 mol/L KCl 标准溶液中，重复测定 6 次。计算测量结果的相对标准偏差。

7.4.2 零点漂移 将电极系统浸入零点校正液中，读取 5 min 后的电导率指示值作为初始值，连续测定 24 h。与初始值比较，计算该段时间内的最大变化幅度相对于量程的百分率。

7.4.3 量程漂移 将电极系统浸入 0.030 0 mol/L KCl 标准液中，读取 5 min 后的电导率指示值作为初始值，连续测定 24 h。与初始值比较，计算该段时间内的最大变化幅度相对于量程的百分率。

7.4.4 响应时间 T_{90} 将电极系统从零点校正液移入 0.030 0 mol/L KCl 标准液中，测定指示值达到该溶液标准电导率值的 90%时所需要的时间。

7.4.5 温度补偿精度 将带有温度补偿传感器的电极系统浸入 0.010 0 mol/L KCl 标准液中，在 10～30℃之间，以 5℃的变化方式改变液温并测定电导率值。根据测定结果求出各测量值与该温度下 0.010 0 mol/L KCl 标准液标准电导率值之差相对于标准电导率值的百分率。

7.4.6 平均无故障连续运行时间 采用实际水样，连续运行 2 个月，记录总运行时间（h）和故障次数（次），计算平均无故障连续运行时间（MTBF）≥720 h/次（此项指标可在现场进行考核）。

7.4.7 实际水样比对实验 选择 5 种或 5 种以上实际水样，分别以自动分析仪与国家推荐方法[《水和废水监测分析方法》（第四版），“第三篇 第一章 九、电导率”，pp110～113，2002 年]对高、中、低三个电导率水平的水样进行比对实验，每种水样在高、中、低三个电导率水平下的比对实验次数应分别不少于 15 次，计算该种水样相对误差绝对值的平均值（A）。比对实验过程应保证自动分析仪与国家推荐方法测试水样的一致性。

$$A=\frac{\sum\left|X_n-B\right|}{nB}$$

式中：X_n——第 n 次测量值；

B——水样以上述国家推荐方法测定所得测量值；

n——比对实验次数。

7.4.8 相对于电压波动的稳定性 将电极系统浸入 0.0100 mol/L KCl 标准液中，在指示值稳定后，加上高于或低于规定电压 10%的电源电压，读取测量值，计算测量值的变化相对于 0.0100 mol/L KCl 标准液标准电导率值的百分率。

7.4.9 绝缘阻抗 在正常环境下，在关闭自动分析仪电路状态时，采用国家规定的阻抗计（直流 500 V 绝缘阻抗计）测量电源相与机壳（接地端）之间的绝缘阻抗。

8 标识

在仪器上，必须在醒目处端正地表示以下有关事项，并符合国家的有关规定。

8.1 名称及型号。

8.2 测定对象。

8.3 测定范围。

8.4 使用温度范围。

8.5 电源类别及容量。

8.6 制造商名称。

8.7 生产日期和生产批号。

8.8 信号输出种类（必要时）。

9 操作说明书

操作说明书中，至少必须说明以下有关事项。

9.1 安装场所的选择。

9.2 试样流量。

9.3 配管及配线。

9.4 预热时间。

9.5 使用方法。

9.5.1 测定的准备及校正方法。

9.5.2 校正液的配制方法。

9.5.3 测定操作方法。

9.5.4 测定停止时的处置。

9.6 维护检查。

9.6.1 日常检查方法。

9.6.2 定期检查方法。

9.6.3 电极系统的清洗。

9.6.4 故障时的对策。

9.7 其他使用上应注意的事项。

10 校验

10.1 日常校验

重现性、漂移和响应时间校准周期为每月至少进行一次现场校验，可自动校准或手工校准。

10.2 监督校验

安装的连续监测系统须定期进行校验，并将定期校验结果报送相应的环境保护行政主管部门。定期校验由具有相应资质的监测机构承担。

定期校验主要包括按环境监测技术规范进行现场比对测试、对运行数据和日常运行记录审核检查等。

附加说明：

本标准由国家环境保护总局科技标准司提出。

本标准由中国环境监测总站负责起草。

本标准由国家环境保护总局负责解释。

中华人民共和国环境保护行业标准

浊度水质自动分析仪技术要求

HJ/T 98—2003

The technical requirement for water quality automatic analyzer of turbidity

2003-03-28 发布　　2003-07-01 实施

1　范围

本技术要求规定了地表水、工业污水和市政污水的浊度水质自动分析仪的技术性能要求和性能试验方法，适用于该类仪器的研制生产和性能检验。

2　规范性引用文件

下列文件中的条款通过本标准的引用而成为本标准的条款。凡是注日期的引用文件，其随后所有的修改单（不包括勘误的内容）或修订版均不适用于本标准，然而，鼓励本标准达成协议的各方研究是否可使用这些文件的最新版本。凡是不注日期的引用文件，其最新版本适用于本标准。

GB 13200—91　水质　浊度的测定

3　术语和定义

下列术语和定义适用于本标准。

3.1　试样

指导入自动分析仪的地表水、工业污水和市政污水。

3.2　透过散射方式

在光线照射试样时，通过观测透过光与由悬浮物质导致的散射光（一般是前方散射光）的强度比来测定浊度的方式。

3.3　表面散射方式

在光线从稳定溢流试样池水面斜上方照射时，通过观测散射光（一般为后方散射光）的强度来测定浊度的方式。

3.4　采水方式

指采用泵等采集试样并将其送入自动分析仪进行测定的方式。

3.5　浸渍方式

指将自动分析仪探头部分浸入试样中直接测定的方式，特别是指不需采样流路的形式。

3.6　度（formazine）

利用硫酸肼配制标准液来测定的浊度单位。也有用 FTU 表示的。

3.7　零点漂移

指采用本标准规定的零点校正液（8.2.2.1）为试样连续测量，自动分析仪的指示值在一定时间内变化的大小相对于量程值的百分率。

3.8 量程漂移

指采用本标准规定的量程校正液（8.2.2.2）为试样连续测量，自动分析仪的指示值在一定时间内变化的大小相对于量程值的百分率。

3.9 平均无故障连续运行时间

指自动分析仪在检验期间的总运行时间（h）与发生故障次数（次）的比值，以“MTBF”表示，单位为：h/次。

4 类型

4.1 按测定原理划分：（1）透过散射方式；（2）表面散射方式。

4.2 按试样导入方式划分：（1）采水方式；（2）浸渍方式。

5 工作电压和频率

工作电压为单相（220±20）V，频率为（50±0.5）Hz。

6 性能要求

6.1 对于量程为 100 度（formazine）的浊度自动分析仪，当采用第 8 项试验时，其性能必须满足表 1 的技术要求。

表 1 浊度自动分析仪的性能指标

项目	性能	试验方法
重复性误差	±5%	8.3.1
零点漂移	±3%	8.3.2
量程漂移	±5%	8.3.3
线性误差	±5%	8.3.4
MTBF	720h/次	8.3.5
实际水样比对试验（*）	±10%	8.3.6
电压稳定性	±3%	8.3.7
绝缘阻抗	5MΩ以上	8.3.8
注（*）：我国浊度的标准监测分析方法（GB 13200—91）和推荐方法的原理与浊度在线自动分析仪的原理不尽相同，在新国家标准方法或推荐方法出台之前，可暂不做此项。		

6.2 系统具有设定、校对、断电保护、来电恢复、故障报警功能，以及时间、参数显示功能，包括年、月、日和时、分以及测量值等。

7 仪器构造

7.1 一般构造 必须满足以下各项要求。

7.1.1 结构合理，产品组装坚固、零部件紧固无松动。

7.1.2 在正常的运行状态下，可平稳工作，无安全危险。

7.1.3 各部件不易产生机械、电路故障，构造无安全危险。

7.1.4 具有不因水的浸湿、结露等而影响自动分析仪运行的性能。

7.1.5 光源灯等发热结合部分，具有不因发热而产生变形及机能改变的性能。

7.1.6 便于维护、检查作业，无安全危险。

7.1.7 显示器无污点、损伤。显示部分的字符笔画亮度均匀、清晰；无暗角、黑斑、彩虹、气泡、暗显示、隐划、不显示、闪烁等现象。

7.1.8 说明功能的文字、符号、标志应符合本技术要求"9 标识"的规定。

7.2 构造 浊度自动分析仪由检测单元、显示记录、数据处理、信号传输单元等构成。

7.2.1 采样部分 有完整密闭的采样系统。

7.2.2 测量单元 指将试样产生的信号稳定地传输至显示记录单元。由检测器、信号转换器等构成。

7.2.2.1 检测器

7.2.2.1.1 采水方式的检测器 无论是透过散射方式，还是表面散射方式，均应具有导入试样的试样池。

7.2.2.1.2 浸渍方式的检测器 具有可将检测器直接插入试样中测定的构造。

7.2.2.2 信号转换器 将测量信号转换成电信号并以统一的方式输出，必要时，应具有对光源波动补偿、光源开启时的电源稳压、有色试样的补偿、输出的非直线性的补偿等计算功能。

7.2.3 显示记录单元 具有将浊度值以等分刻度、数字形式显示记录、打印的功能。

7.2.4 数据处理装置 有完整的数据采集、传输系统。

7.2.5 附属装置 根据需要，浊度自动分析仪可配置以下附属装置。

7.2.5.1 试样池清洗装置 指采用水等流体清洗检测器的清洗装置等。

7.2.5.2 自动采水装置 指自动采集试样并以一定流速输送至检测器的装置。

8 检验方法

8.1 试验条件

8.1.1 环境温度 在 10～40℃之间，试验期间的温度变化在±5℃/d 以内。

8.1.2 相对湿度 在（65±20）%以内。

8.1.3 电压 规定的电压（220±20）V。

8.1.4 电源频率 规定的频率（50±0.5）Hz。

8.1.5 预热时间 按说明书规定的预热时间。

8.2 试验准备及校正

8.2.1 配制浊度标准液 称取 5.00 g 硫酸肼溶于 400 ml 水中。另称取 50.0 g 六次甲基四胺，溶于 400 ml 水中。将两种溶液混合后，加水至 1 000 ml，充分摇匀。在液温（25±3）℃的条件下，静置 48 h。该溶液的浊度值相当于 4 000 度（formazine）。保存期为 30 d。

8.2.2 校正液

8.2.2.1 零点校正液 蒸馏水。

8.2.2.2 量程校正液 将 8.2.1 浊度标准液用蒸馏水稀释至量程值的 80%值。

8.2.3 标准膜 仪器制造商应提供与所生产仪器相匹配的标准膜，用于仪器的日常校正。

8.2.4 校正 按仪器制造商提供的操作说明书中要求进行校正。

8.3 性能试验方法

8.3.1 重复性误差 在 8.1 的相同试验条件下，将量程校正液导入检测器，连续进行 6 次。记录各次测定值，并计算相对标准偏差。

8.3.2 零点漂移 采用零点校正液连续测定 24 h。利用该段时间内的初期零值（最初 3 次测量值的平均值），计算最大变化幅度相对于量程值的百分率。

8.3.3 量程漂移 采用量程校正液，于零点漂移试验的前后分别测定 3 次，计算平均值。由减去零点漂移成分后的最大变化幅度，计算相对于量程值的百分率。

8.3.4 线性误差 分别用零点校正液校正零点、量程校正液校正量程后，将用水稀释 1 倍的量程校正液导入检测器，求出该测量值与供试溶液浊度值之差相对于量程值的百分率。

8.3.5 平均无故障连续运行时间 采用实际水样，连续运行 2 个月，记录总运行时间（h）和故障次数

（次），计算平均无故障连续运行时间（MTBF）≥720 h/次（此项指标可在现场进行考核）。

8.3.6　实际水样比对实验　选择 5 种或 5 种以上实际水样，分别以自动监测仪器与国标方法（GB 11894—89）对每种水样的高、中、低三种浓度水平进行比对实验，每种水样在高、中、低三种浓度水平下的比对实验次数应分别不少于 15 次，计算该种水样相对误差绝对值的平均值（A）。比对实验过程应保证自动分析仪与国标方法测试水样的一致性。

$$A=\frac{\sum\left|X_n-B\right|}{nB}$$

式中：X_n——第 n 次测量值；

B——水样以国家推荐方法测定所得测量值；

n——比对实验次数。

8.3.7　相对于电压波动的稳定性　用零点校正液校正零点后，导入量程校正液，在测量值稳定后，加上高于或低于规定电压 10%的电源电压，读取测量值，计算测量值与规定电压下的测量值之差相对于规定电压下测量值的百分率。

8.3.8　绝缘阻抗　在正常环境并关闭自动分析仪电路状态时，采用国家规定的阻抗计（直流 500 V 绝缘阻抗计）测量电源相与机壳（接地端）之间的绝缘阻抗。

9　标识

在仪器上，必须在醒目处端正地表示以下有关事项，并符合国家的有关规定。

9.1　名称及型号。

9.2　测定对象。

9.3　测定原理、方式。

9.4　测定范围。

9.5　使用温度范围。

9.6　电源类别及容量。

9.7　制造商名称。

9.8　生产日期和生产批号。

9.9　信号输出种类（必要时）。

10　操作说明书

操作说明书中，至少必须说明以下有关事项。

10.1　安装场所的选择。

10.2　试样流量。

10.3　配管及配线。

10.4　预热时间。

10.5　使用方法。

10.5.1　测定的准备及校正方法。

10.5.2　校正液的配制方法。

10.5.3　测定操作方法。

10.5.4　测定停止时的处置。

10.6　维护检查。

10.6.1　日常检查方法。

10.6.2　定期检查方法。

10.6.3　测定池、配管等的清洗。

10.6.4　故障时的对策。

10.7　其他使用上应注意的事项。

11　校验

11.1　日常校验　重现性、漂移和响应时间校准周期为每月至少进行一次现场校验，可自动校准或手工校准。

11.2　监督校验　安装的连续监测系统须定期进行校验，并将定期校验结果报送相应的环境保护行政主管部门。定期校验由具有相应资质的监测机构承担。

定期校验主要包括按环境监测技术规范进行现场比对测试、对运行数据和日常运行记录审核检查等。

附加说明：

本标准由国家环境保护总局科技标准司提出。

本标准由中国环境监测总站负责起草。

本标准由国家环境保护总局负责解释。

中华人民共和国环境保护行业标准

溶解氧（DO）水质自动分析仪技术要求

HJ/T 99—2003

The technical requirement for water quality automatic analyzer of dissolved oxygen（DO）

2003-03-28 发布　　2003-07-01 实施

1　范围

本技术要求规定了地表水、工业污水和市政污水的基于电极法的溶解氧（DO）（0～35℃）水质自动分析仪的技术性能要求和性能试验方法，适用于该类仪器的研制生产和性能检验。

2　规范性引用文件

下列文件中的条款通过本标准的引用而成为本标准的条款。凡是注日期的引用文件，其随后所有的修改单（不包括勘误的内容）或修订版均不适用于本标准，然而，鼓励本标准达成协议的各方研究是否可使用这些文件的最新版本。凡是不注日期的引用文件，其最新版本适用于本标准。

GB 11913—89　水质　溶解氧的测定　电化学探头法

3　术语和定义

下列术语和定义适用于本标准。

3.1　试样

指导入自动分析仪的地表水、工业污水和市政污水。

3.2　校正液

为了获得与试样 DO 浓度相同指示值所配制的校正液，有以下几种。

3.2.1　零点校正液。

3.2.2　量程校正液。

3.3　零点漂移

指采用本技术要求中规定的零点校正液为试样连续测试，自动分析仪的指示值在一定时间内变化的大小。

3.4　量程漂移

指采用本技术要求中规定的量程校正液为试样连续测试，自动分析仪的指示值在一定时间内变化的大小。

3.5　平均无故障连续运行时间

指自动分析仪在检验期间的总运行时间（h）与发生故障次数（次）的比值，以“MTBF”表示，单位为：h/次。

3.6　响应时间（T_{90}）

将电极从量程校正液移入零点校正液，测定显示值达到量程校正液浓度90%所需的时间。

4 种类与测定范围

按测定原理，DO 自动分析仪可分为隔膜型极谱式和隔膜型伽伐尼电池式两种。测定范围：0～10 mg/L 或 0～20 mg/L。

5 工作电压与频率

工作电压为单相（220±20）V，频率为（50±0.5）Hz。

6 性能要求

6.1 当采用第 8 项试验时，DO 自动分析仪的性能必须满足表 1 的技术要求。

表 1 DO 自动分析仪的性能指标

项目	性能	试验方法
重复性误差	±0.3mg/L	8.3.1
零点漂移	±0.3mg/L	8.3.2
量程漂移	±0.3mg/L	8.3.3
响应时间（T_{90}）	2min 以内	8.3.4
温度补偿精度	±0.3mg/L	8.3.5
MTBF	≥720h/次	8.3.6
实际水样比对试验	±0.3mg/L	8.3.7
电压稳定性	指示值的变化在±0.3mg/L 以内	8.3.8
绝缘阻抗	5MΩ以上	8.3.9

6.2 系统具有设定、校对、断电保护、来电恢复、故障报警功能，以及时间、参数显示功能，包括年、月、日和时、分以及测量值等。

7 仪器构造

7.1 一般构造 必须满足以下各项要求。

7.1.1 结构合理，产品组装坚固、零部件紧固无松动。

7.1.2 在正常的运行状态下，可平稳工作，无安全危险。

7.1.3 各部件不易产生机械、电路故障，构造无安全危险。

7.1.4 具有不因水的浸湿、结露等影响自动分析仪运行的性能。

7.1.5 便于维护、检查作业，无安全危险。

7.1.6 显示器无污点、损伤。显示部分的字符笔画亮度均匀、清晰；无暗角、黑斑、彩虹、气泡、暗显示、隐划、不显示、闪烁等现象。

7.1.7 说明功能的文字、符号、标志应符合本标准“9 标识”的规定。

7.2 构造 DO 自动分析仪由检测单元、显示记录、数据处理、信号传输单元等构成。

7.3 采样部分 有完整密闭的采样系统。

7.4 测量单元 指将电极浸入试样，产生的信号稳定地传输至显示记录单元。由电极支持部分、转换器等构成。

7.4.1 电极 由阳极、阴极、测温计、电解液等构成，用能透过氧气的薄膜（如氟树脂、聚乙烯、硅橡胶等）将电极覆盖，具有试样不直接接触阳极和阴极的构造。

7.4.2 电极支持部分 指固定电极的电极套管，由不锈钢、硬质聚氯乙烯、聚丙烯等不受试样侵蚀的材质构成。

7.4.3　转换器及显示器　具有防水滴构造，电极与转换器的距离应尽可能短。

7.5　显示记录单元　具有将溶解氧浓度（mg/L）以等分刻度、数字形式显示记录、打印下来的功能。

7.6　数据传输装置　有完整的数据采集、传输系统。

7.7　附属装置　根据需要，自动分析仪可配置以下附属装置。

7.7.1　电极清洗装置　指采用水、空气等流体清洗电极的清洗装置等。

7.7.2　自动采水装置　指自动采集试样并将其以一定流速输送至电极的装置。

8　检验方法

8.1　试验条件

8.1.1　环境温度　在 10～40℃之间，试验期间的温度变化在±5℃/d 以内。

8.1.2　相对湿度　在 85%以下。

8.1.3　电压　规定的电压（220±20）V。

8.1.4　电源频率　规定的频率（50±0.5）Hz。

8.1.5　流速　制造商规定的流速。

8.2　试验准备及校正

8.2.1　试验准备　预先将电极浸入水中浸泡 12 h 后，与信号转换器连接。接通电源，至试验开始前自动分析仪应预热 30 min 以上，以使各部分功能及显示记录单元稳定。在电极受沾污情况下，必要时应采用碱水、0.01 mol/L 盐酸等洗涤后，用流水充分洗净。

8.2.2　校正液

8.2.2.1　零点校正液　将约 25 g 的无水 Na_2SO_3 溶于蒸馏水中，加蒸馏水至 500 ml。使用时配制。

8.2.2.2　量程校正液　在（25±0.5）℃时，以约 1 L/min 的流量将空气通入蒸馏水并使其中的溶解氧达到饱和后，静置一段时间使溶解氧达到稳定（通常，200 ml 水需要 5～10 min；500 ml 水需要 10～20 min）。各温度下的饱和溶解氧浓度值见附表 1。

备注：溶解氧的浓度随大气压的变化而不同，所以最好采用大气压补偿。另外，在测定高盐度试样时，在配制溶解氧饱和水时，应根据试样中盐类的摩尔浓度添加 NaCl 试剂。

8.2.3　校正

8.2.3.1　零点校正　将电极浸入零点校正液，将指示值调整为零点。

8.2.3.2　量程校正　将电极浸入量程校正液，在用磁搅拌器搅拌的同时，待显示值稳定后，测定量程校正液的温度（准确至±1℃），根据附表 1 中的饱和溶解氧浓度值调整显示值。

备注：显示值一般随试样的流速变化而变化，因此搅拌速度应按照生产商规定的方法使电极表面的液体流速保持恒定。

8.2.3.3　调节　交替进行零点校正和量程校正操作，调节分析仪直至校正液的测定值与显示值之差在±0.25 mg/L 以内为止。

8.3　性能试验方法

8.3.1　重复性误差　在 8.1 的试验条件下，将电极浸入量程校正液，在用磁搅拌器搅拌的同时，连续测定 6 次。记录各次测定值，计算相对标准偏差。

8.3.2　零点漂移　采用零点校正液，连续测定 24 h。利用该段时间内的初期零值（最初 3 次测定值的平均值），计算最大变化幅度与初期零值之差相对于量程值的百分率。

8.3.3　量程漂移　采用量程校正液，于零点漂移试验的前后，在用磁搅拌器搅拌的同时，分别测定 3 次，计算平均值。由减去零点漂移成分后的变化幅度，计算相对于量程值的百分率。

8.3.4　响应时间　将电极从量程校正液移入零点校正液，测定显示值达到 1 mg/L 时所需要的时间。

8.3.5 温度补偿精度 分别在（20±0.5）℃和（30±0.5）℃时，配制饱和溶解氧溶液。将电极分别浸入上述溶液中，在用磁搅拌器搅拌的同时，读取各自的指示值（mg/L）。分别测定上述溶液的温度（准确至±1℃），根据测定结果求出与附表 1 中饱和溶解氧浓度之差。

8.3.6 平均无故障连续运行时间 采用实际水样，连续运行 2 个月，记录总运行时间（h）和故障次数（次），计算平均无故障连续运行时间（MTBF）≥720 h/次（此项指标可在现场进行考核）。

8.3.7 实际水样比对实验 选择 5 种或 5 种以上实际水样，分别以自动监测仪器与国标方法（GB 11894—89）对每种水样的高、中、低三种浓度水平进行比对实验，每种水样在高、中、低三种浓度水平下的比对实验次数应分别不少于 15 次，计算该种水样相对误差绝对值的平均值（A）。比对实验过程应保证自动分析仪与国标方法测试水样的一致性。

$$A=\frac{\sum\left|X_n-B\right|}{nB}$$

式中：X_n——第 n 次测量值；

B——水样以国标方法（GB 11913—89）测定所得测量值；

n——比对实验次数。

8.3.8 相对于电压波动的稳定性 将电极浸入量程校正液，在用磁搅拌器搅拌的同时，在显示值稳定后，加上高于或低于规定电压 10%的电源电压，读取显示值。

8.3.9 绝缘阻抗 在正常环境下，在关闭自动分析仪电路状态时，采用国家规定的阻抗计（直流 500 V 绝缘阻抗计）测量电源相与机壳（接地端）之间的绝缘阻抗。

9 标识

在仪器上，必须在醒目处端正地表示以下有关事项，并符合国家的有关规定。

9.1 名称及型号。

9.2 测定对象。

9.3 测定浓度范围。

9.4 使用温度范围。

9.5 电源类别及容量。

9.6 制造商名称。

9.7 生产日期和生产批号。

9.8 信号输出种类（必要时）。

10 操作说明书

操作说明书中，至少必须说明以下有关事项。

10.1 安装场所的选择。

10.2 试样流量。

10.3 配管及配线。

10.4 预热时间。

10.5 使用方法。

10.5.1 测定的准备及校正方法。

10.5.2 校正液的配制方法。

10.5.3 测定操作方法。

10.5.4 测定停止时的处置。

10.6 维护检查。

10.6.1 日常检查方法。

10.6.2 定期检查方法。

10.6.3 电极系统的清洗。

10.6.4 故障时的对策。

10.7 其他使用上应注意的事项。

11 校验

11.1 日常校验 重现性、漂移和响应时间校准周期为每月至少进行一次现场校验，可自动校准或手工校准。

11.2 监督校验 安装的连续监测系统须定期进行校验，并将定期校验结果报送相应的环境保护行政主管部门。定期校验由具有相应资质的监测机构承担。

定期校验主要包括按环境监测技术规范进行现场比对测试、对运行数据和日常运行记录审核检查等。

附表 1 水中饱和溶解氧浓度

温度/℃	水中盐类离子量（以 Cl 计）/（mg/L）					100 mg/L 盐离子的溶解氧量校正值/（mg/L）
	0	5 000	10 000	15 000	20 000	
	溶解氧量/（mg/L）					
0	14.16	13.40	12.63	11.87	11.10	0.015 3
1	13.77	13.03	12.29	11.55	10.80	0.014 8
2	13.40	12.68	11.97	11.25	10.52	0.014 4
3	13.04	12.35	11.65	10.95	10.25	0.014 0
4	12.70	12.03	11.35	10.67	9.99	0.013 5
5	12.37	11.72	11.06	10.40	9.74	0.013 1
6	12.06	11.42	10.79	10.15	9.51	0.012 8
7	11.75	11.15	10.52	9.90	9.28	0.012 4
8	11.47	10.87	10.27	9.67	9.06	0.012 0
9	11.19	10.61	10.03	9.44	8.85	0.011 7
10	10.92	10.36	9.79	9.23	8.66	0.011 3
11	10.67	10.12	9.57	9.02	8.47	0.011 0
12	10.43	9.90	9.36	8.82	8.29	0.010 7
13	10.20	9.68	9.16	8.64	8.11	0.010 4
14	9.97	9.47	8.97	8.46	7.95	0.010 1
15	9.76	9.27	8.78	8.29	7.79	0.009 9
16	9.56	9.06	8.60	8.12	7.63	0.009 6
17	9.37	8.90	8.44	7.97	7.49	0.009 4
18	9.18	8.73	8.27	7.82	7.36	0.009 1
19	9.01	8.57	8.12	7.67	7.22	0.008 9
20	8.84	8.41	7.97	7.54	7.10	0.008 7
21	8.68	8.26	7.83	7.40	6.97	0.008 6
22	8.53	8.11	7.70	7.26	6.85	0.008 4
23	8.39	7.98	7.57	7.16	6.74	0.008 2
24	8.25	7.85	7.44	7.04	6.65	0.008 1
25	8.11	7.72	7.32	6.95	6.52	0.007 9
26	7.99	7.60	7.21	6.82	6.42	0.007 8
27	7.87	7.48	7.10	6.71	6.32	0.007 7
28	7.75	7.37	6.99	6.61	6.22	0.007 6
29	7.64	7.26	6.88	6.51	6.12	0.007 6
30	7.53	7.16	6.78	6.41	6.03	0.007 5
31	7.43	7.06	6.66	6.31	5.93	0.007 5
32	7.32	6.96	6.59	6.21	5.84	0.007 4
33	7.23	6.86	6.49	6.12	5.75	0.007 4
34	7.13	6.77	6.40	6.03	5.65	0.007 4
35	7.04	6.67	6.30	5.93	5.56	0.007 4

附加说明：

本标准由国家环境保护总局科技标准司提出。
本标准由中国环境监测总站负责起草。
本标准由国家环境保护总局负责解释。

中华人民共和国环境保护行业标准

高锰酸盐指数水质自动分析仪技术要求

HJ/T 100—2003

The technical requirement for water quality automatic analyzer of permanganate index

2003-03-28 发布　　　　2003-07-01 实施

1　范围

本技术要求规定了地表水的高锰酸盐指数水质自动分析仪的技术性能要求和性能试验方法，适用于该类仪器的研制生产和性能检验。

2　规范性引用文件

下列文件中的条款通过本标准的引用而成为本标准的条款。凡是注日期的引用文件，其随后所有的修改单（不包括勘误的内容）或修订版均不适用于本标准。然而，鼓励本标准达成协议的各方研究是否可使用这些文件的最新版本。凡是不注日期的引用文件，其最新版本适用于本标准。

GB 11892—89　水质　高锰酸盐指数的测定

3　术语和定义

下列术语和定义适用于本标准。

3.1　试样

指导入自动分析仪的地表水。

3.2　校正液

为了获得与试样高锰酸盐指数值相同的指示值所配制的校正液，有以下几种。

3.2.1　零点校正液。

3.2.2　量程校正液。

3.3　零点漂移

指采用本标准中规定的零点校正液为试样连续测试，自动分析仪的指示值在一定时间内变化的大小相对于量程的百分率。

3.4　量程漂移

指采用本标准中规定的量程校正液为试样连续测试，相对于自动分析仪的测定量程，仪器指示值在一定时间内变化的大小相对于量程的百分率。

3.5　葡萄糖试验溶液

指将 D（+）-葡萄糖溶于水后配制成的试验溶液。

3.6　平均无故障连续运行时间

指自动分析仪在检验期间的总运行时间（h）与发生故障次数（次）的比值，以“MTBF”表示，单位为：h/次。

4 原理

试样中加入已知量的高锰酸钾和硫酸（对高盐度水样，有时加入 $AgNO_3$），在沸水浴中加热 30 min，高锰酸钾将试样中的某些有机物和无机还原性物质氧化，反应后加入过量的草酸钠还原剩余的高锰酸钾，再用高锰酸钾标准溶液回滴过量的草酸钠。通过计算得到试样的高锰酸盐指数值。

备注：（1）高锰酸盐指数自动分析仪的测定周期在 1 h 以内。（2）采用其他原理时，自动分析仪的测定结果应与采用 GB 11892—89 方法的测定结果具有可比性。

5 测定范围

测定最小范围：0～20 mg/L。

6 工作电压与频率

工作电压为单相（220±20）V，频率为（50±0.5）Hz。

7 性能要求

7.1 当采用第 9 项试验时，高锰酸盐指数自动分析仪的性能必须满足表 1 的技术要求。

表 1 高锰酸盐指数自动分析仪的性能指标

项目	性能	试验方法
重复性误差	±5%	9.4.1
零点漂移	±5%	9.4.2
量程漂移	±5%	9.4.3
葡萄糖试验	±5%（测量误差）	9.4.4
MTBF	≥720 h/次	9.4.5
实际水样比对试验	±10%	9.4.6
电压稳定性	±5%	9.4.7
绝缘阻抗	2MΩ以上	9.4.8

7.2 系统具有设定、校对和显示时间功能，包括年、月、日和时、分。
7.3 当系统意外断电且再度上电时，系统能自动排出断电前正在测定的试样和试剂、自动清洗各通道、自动复位到重新开始测定的状态。
7.4 当试样或试剂不能导入反应器时，系统能通过蜂鸣器报警并显示故障内容。同时，停止运行直至系统被重新启动。

8 仪器构造

8.1 一般构造 必须满足以下各项要求。
8.1.1 结构合理，各部件的安装良好，坚固。
8.1.2 在正常运行状态下，可平稳工作，无安全危险。
8.1.3 各部件不易产生机械、电路故障，其构造无安全危险。
8.1.4 具有不因水的浸湿、结露等而影响自动分析仪运行的性能。
8.1.5 加热器等发热结合部分，具有不因加热而发生变形及机能改变的性能。
8.1.6 便于维护、检查作业，无安全危险。
8.1.7 说明功能的文字、符号、标志应符合本标准“10 标识”的规定。

8.2 构造 自动分析仪的构成应包括：计量单元、反应器单元、检测单元、试剂贮存单元以及显示记录、数据处理、信号传输等单元。

8.3 计量单元 指计量一定量的试样及试剂并送入反应器单元的部分，由试样导入管、试剂导入管、试样计量器、试剂计量器等部分构成。

8.3.1 采样部分 有完整密闭的采样系统。

8.3.2 试样导入管 由不被试样侵蚀的塑料、玻璃、橡胶等材质构成，为了准确地将试样导入计量器，试样导入管应备有泵或试样贮槽（罐）。

8.3.3 试剂导入管 由玻璃或性能优良、耐试剂侵蚀的塑料、橡胶等材质构成，为了准确地将试剂导入计量器，试剂导入管应备有泵。

8.3.4 试样计量器 由不被试样侵蚀的玻璃、塑料等材质构成，能准确计量试样的加入量。

8.3.5 试剂计量器 由玻璃或性能优良、耐试剂侵蚀的塑料等材质构成，能准确计量试剂加入量。

8.4 反应器单元 指进行氧化还原反应及滴定终点指示部分，由反应槽、加热器、搅拌器等构成。

8.4.1 反应槽 由耐热性、耐试剂侵蚀性良好的硬质玻璃等构成，其形状便于搅拌，易于清洗操作。

8.4.2 加热器 在环境温度为25℃情况下，具有当试剂加入10 min后，能使反应槽内液体温度上升85℃以上；当试剂加入15 min后，能使反应槽内液体温度上升95℃以上的加热特性。

8.4.3 搅拌器 具有耐热性及耐试剂侵蚀性，能在反应槽内有效搅拌的构造。

8.5 检测单元 由滴定器、终点指示器及信号转换器构成。

8.5.1 滴定器 由不受高锰酸钾溶液侵蚀的材质构成，具有稳定、定量加入滴定剂的功能。

8.5.2 终点指示器 在滴定时，具有良好再现反应终点的性能。

8.5.3 信号转换器 具有将与测定值相对应的滴定所需的试剂量转换成电信号输出的功能，其构造可调整测定范围。

8.6 试剂贮存单元 由硫酸、高锰酸钾溶液、草酸钠溶液、硝酸银溶液等的贮存槽组成，所用材质具有不受各贮存试剂侵蚀的性能。若测定频次为1次/h，各试剂的贮存量至少能保证运行1周以上。

8.7 显示记录单元 具有将高锰酸盐指数值按比例转换成直流电压或电流输出，并将根据高锰酸钾用量换算成O_2消耗量（mg/L）的测定值显示或记录下来的功能。

8.8 数据传输装置 有完整的数据采集、传输系统。

8.9 附属装置 根据需要，自动分析仪可配置试样自动稀释、自动清洗等附属装置。

9 检验方法

9.1 试验条件

9.1.1 环境温度 在5～35℃之间，试验期间的温度变化在±5℃以内。

9.1.2 湿度 相对湿度在85%以下。

9.1.3 大气压 在95～106 kPa压力下，其变化幅度在5%以内。

9.1.4 电压 规定的电压（220±20）V。

9.1.5 电源频率 规定的频率（50±0.5）Hz。

9.1.6 仪器预热时间 按说明书规定的时间。

9.2 试剂

9.2.1 蒸馏水 按GB 11892—89方法获得不含还原性物质的蒸馏水（以下简称“水”）。

9.2.2 零点校正液 采用9.2.1的水。

9.2.3 量程校正液 采用自动仪量程值80%的溶液作为量程校正液。

9.2.4 葡萄糖试验液 称取1.676 g D（＋）-葡萄糖，用水溶解后，全量转入1 000 ml容量瓶中，加水至刻度标线。准确取10 ml该溶液，全量转入1 000 ml容量瓶中，加水至刻度标线。该溶液的高锰酸盐指数值为 10 mg/L。

9.2.5 硫酸（1+2） 将 1 体积的硫酸在搅拌下缓缓加入 2 体积的水中，再滴加 5 mmol/L 高锰酸钾溶液至硫酸溶液呈微红色，约 60 s 不褪色为止。

9.2.6 硝酸银溶液（200 g/L） 称取 200 g 硝酸银，用水溶解后稀释至 1 L。

9.2.7 草酸钠溶液（12.5 mmol/L） 将草酸钠标准物质预先在 200℃加热 1 h 后，置于保干器中冷却。称取 0.42 g（准确至 1 mg）冷却后的草酸钠标准物质，加少量水溶解后，全量转入 250 ml 容量瓶中，加水至刻度标线。该溶液相当的高锰酸盐指数值为 200 mg/L。用于标定及校正。

9.2.8 高锰酸钾溶液（5 mmol/L） 称取 0.8 g 高锰酸钾于平底烧瓶中，加入 1 050～1 100 ml 水溶解。静静煮沸 1～2 h 后，静置过夜。上清液经 3G4 型玻璃过滤器过滤后（过滤前后不要用水洗涤），将滤液转入棕色瓶中保存。

［标定］ 取 25 ml 9.2.7 中配制的草酸钠溶液（12.5 mmol/L）于 300 ml 三角烧瓶中，加入约 30 ml 水和 10 ml 硫酸（1+2）。当液温在 25～30℃情况下，用滴管将约 22 ml 高锰酸钾溶液（5 mmol/L）一次加入该溶液中，放置至红色消失。随后，在约 60℃加热下，用高锰酸钾溶液（5 mmol/L）滴定。当溶液保持微红色约 30 s 时，即为终点。

依据下式算出高锰酸钾溶液（5 mmol/L）的校正因子（f）。

$$f = a \times \frac{b}{100} \times \frac{25}{250} \times \frac{1}{0.001\,675x}$$

式中：a——草酸钠的量，g；

b——草酸钠的纯度，%；

x——滴定消耗的高锰酸钾溶液（5 mmol/L）的体积，ml；

0.001 675——1 ml 高锰酸钾溶液（5 mmol/L）相当的草酸钠的量，g。

备注：校正因子 f 值在 0.99～1.01 之间为宜。

9.3 试验准备及校正

9.3.1 仪器预热运行 接通电源后，按操作说明书规定的预热时间进行自动分析仪的预热运行，以使各部分功能及显示记录单元稳定。

9.3.2 校正 按仪器说明书的校正方法。

9.4 性能试验方法

9.4.1 重复性误差 在 9.1 的试验条件下，连续测定量程校正液 6 次，计算相对标准偏差。

9.4.2 零点漂移 采用零点校正液，连续测定 24 h。利用该段时间内的初期零值（最初的 3 次测定值的平均值），计算最大变化幅度相对于量程值的百分率。

9.4.3 量程漂移 采用量程校正液，于零点漂移试验的前后分别测定 3 次，计算平均值。由减去零点漂移成分后的变化幅度，求出相对于量程值的百分率。

9.4.4 葡萄糖试验 采用葡萄糖试验液，测定 3 次。计算每次平均值与 10 mg/L 的偏差的绝对值，求出 3 次绝对值相对于 10 mg/L 的百分率。

9.4.5 平均无故障连续运行时间 采用实际水样，连续运行 2 个月，记录总运行时间（h）和故障次数（次），计算平均无故障连续运行时间（MTBF）≥720 h/次（此项指标可在现场进行考核）。

9.4.6 实际水样比对实验 选择 5 种或 5 种以上实际水样，分别以自动监测仪器与国标方法（GB 11892—89）对每种水样的高、中、低三种浓度水平进行比对实验，每种水样在高、中、低三种浓度水平下的比对实验次数应分别不少于 15 次，计算该种水样相对误差绝对值（A）。比对实验过程应保证自动监测仪器与国标方法测试水样的一致性。

$$A = \frac{\sum |X_n - B|}{nB}$$

式中：X_n——第 n 次测量值；

B——水样以国标方法（GB 11892—89）测定所得测量值；

n——比对实验次数。

9.4.7　相对于电压波动的稳定性　采用量程校正液，加上高于或低于规定电压 10%的电源电压时，读取显示值。分别进行 3 次测定，计算各测定值与平均值之差相对于量程值的百分率。

9.4.8　绝缘阻抗　在关闭自动分析仪电路状态下，采用国家规定的阻抗计（直流 500 V 绝缘阻抗计）测量电源相与机壳（接地端）之间的阻抗。

10　标识

在仪器上，必须在醒目处端正地表示以下有关事项，并符合国家的有关规定。

10.1　名称及型号。

10.2　测定对象。

10.3　测定浓度范围。

10.4　使用温度范围。

10.5　电源类别及容量。

10.6　制造商名称。

10.7　生产日期和批号。

11　操作说明书

操作说明书中，至少必须说明以下有关事项。

11.1　安装场所。

11.2　试样的前处理方法。

11.3　试样流量。

11.4　配管及配线。

11.5　预热时间。

11.6　使用方法。

11.6.1　测定的准备及校正。

11.6.2　校正液的配制方法。

11.6.3　测定操作。

11.6.4　测定停止时的处置。

11.7　排出废液的处理。

11.8　维护检查。

11.8.1　日常检查和定期检查导则。

11.8.2　流路系统的清洗。

11.8.3　故障时的对策。

12　校验

12.1　日常校验　重现性、漂移和响应时间校准周期为每月至少进行一次现场校验，可自动校准或手工校准。

12.2　监督校验　安装的连续监测系统须定期进行校验，并将定期校验结果报送相应的环境保护行政主管部门。定期校验由具有相应资质的监测机构承担。

定期校验主要包括按环境监测技术规范进行现场比对测试、对运行数据和日常运行记录审核检查等。

附加说明：

本标准由国家环境保护总局科技标准司提出。
本标准由中国环境监测总站负责起草。
本标准由国家环境保护总局负责解释。

中华人民共和国环境保护行业标准

氨氮水质自动分析仪技术要求

HJ/T 101—2003

The technical requirement for water quality automatic analyzer of ammonia

2003-03-28 发布　　2003-07-01 实施

1　范围

本技术要求规定了地表水、工业污水和市政污水的基于电极法和分光光度法的氨氮水质自动分析仪的技术性能要求和性能试验方法，适用于该类仪器的研制生产和性能检验。

2　规范性引用文件

下列文件中的条款通过本标准的引用而成为本标准的条款。凡是注日期的引用文件，其随后所有的修改单（不包括勘误的内容）或修订版均不适用于本标准，然而，鼓励本标准达成协议的各方研究是否可使用这些文件的最新版本。凡是不注日期的引用文件，其最新版本适用于本标准。

GB 7479—87　水质　铵的测定　纳氏试剂比色法

GB 7481—87　水质　铵的测定　水杨酸分光光度法

GB 7478—87　水质　铵的测定　蒸馏和滴定法

3　术语和定义

下列术语和定义适用于本标准。

3.1　试样

指导入自动分析仪的地表水、工业污水和市政污水。

3.2　校正液

为了获得与试样氨氮浓度相同的指示值所配制的溶液，有以下几种。

3.2.1　零点校正液。

3.2.2　量程校正液。

3.3　零点漂移

指采用本技术要求中规定的零点校正液为试样连续测试，自动分析仪的指示值在一定时间内变化的大小相对于量程的百分率。

3.4　量程漂移

指采用本技术要求中规定的量程校正液为试样连续测试，相对于自动分析仪的测定量程，仪器指示值在一定时间内变化的大小相对于量程的百分率。

3.5　平均无故障连续运行时间

指自动分析仪在检验期间的总运行时间（h）与发生故障次数（次）的比值，以“MTBF”表示，单位为：h/次。

3.6　响应时间（T_{90}）

将电极从零点校正液移入标准液中，测定指示值达到量程校正液 90%所需要的时间。

4　测定范围

测量最小范围：（1）电极法为 0.05～100 mg/L；（2）光度法为 0.05～50 mg/L。

5　工作电压与频率

工作电压为单相（220±20）V，频率为（50±0.5）Hz。

6　性能要求

6.1　当采用第 8 项试验时，氨氮水质自动分析仪的性能必须满足表 1 的技术要求。

表 1　氨氮水质自动分析仪的性能指标

项目	电极法		光度法	
	性能	试验方法	性能	试验方法
重复性误差	±5%	8.4.1	±10%	8.5.1
零点漂移	±5%	8.4.2	±10%	8.5.2
量程漂移	±5%	8.4.3	±10%	8.5.3
响应时间（T_{90}）	5 min 以内	8.4.4	—	—
直线性	—	—	±10%	8.5.4
温度补偿精度	±0.1 mg/L 以内	8.4.5	—	—
MTBF	≥720 h/次	8.4.6	≥720 h/次	8.5.5
实际水样比对试验	±10%	8.4.7	±10%	8.5.6

6.2　系统具有设定、校对和显示时间功能，包括年、月、日和时、分。

6.3　当系统意外断电且再度上电时，系统能自动排出断电前正在测定的试样和试剂、自动清洗各通道、自动复位到重新开始测定的状态。若系统在断电前处于加热消解状态，再次通电后系统能自动冷却，之后自动复位到重新开始测定的状态。

6.4　当试样或试剂不能导入反应器时，系统能通过蜂鸣器报警并显示故障内容。同时，停止运行直至系统被重新启动。

7　仪器构造

7.1　一般构造　必须满足以下各项要求。

7.1.1　结构合理，产品组装坚固、零部件紧固无松动。

7.1.2　在正常的运行状态下，可平稳工作，无安全危险。

7.1.3　各部件不易产生机械、电路故障，构造无安全危险。

7.1.4　具有不因水的浸湿、结露等而影响自动分析仪运行的性能。

7.1.5　便于维护、检查作业，无安全危险。

7.1.6　显示器无污点、损伤。显示部分的字符笔画亮度均匀、清晰；无暗角、黑斑、彩虹、气泡、暗显示、隐划、不显示、闪烁等现象。

7.1.7　说明功能的文字、符号、标志应符合本标准“9 标识”的规定。

7.2　构造

7.2.1　采用电极法的氨氮自动分析仪由测量单元、信号转换器、显示记录、数据处理、信号传输单元等构成。

7.2.1.1 采样部分 有完整密闭的采样系统。

7.2.1.2 测量单元 指将试样经络合、调节 pH 或调节离子强度后，将试样通过电极系统，产生的信号稳定地传输至指示记录单元。由试样前处理装置，氨气敏（或氨选择性）电极，参比电极，温度补偿传感器及电极支持部分等构成。

7.2.1.3 温度补偿传感器 指铂、镍、热电耦等温度传感器。

7.2.1.4 电极支持部分 指固定电极的电极套管，由不锈钢、硬质聚氯乙烯、聚丙烯等不受试样侵蚀的材质构成。

7.2.1.5 信号转换器及显示器 具有防水滴构造，电极与转换器的距离应尽可能短。

7.2.2 采用光度法的氨氮自动分析仪的构成应包括：计量单元，反应器单元，检测单元，试剂贮存单元（根据需要）以及显示记录、数据处理、信号传输等单元。

7.2.2.1 计量单元 指计量一定量的试样及试剂并送入反应器单元的部分，由试样导入管、试剂导入管、试样计量器、试剂计量器等部分构成。

7.2.2.1.1 试样导入管 由不被试样侵蚀的塑料、玻璃、橡胶等材质构成，为了准确地将试样导入计量器，试样导入管应备有泵或试样贮槽（罐）。

7.2.2.1.2 试剂导入管 由玻璃或性能优良、耐试剂侵蚀的塑料、橡胶等材质构成，为了准确地将试剂导入计量器，试剂导入管应备有泵。

7.2.2.1.3 试样计量器 由不被试样侵蚀的玻璃、塑料等材质构成，能准确计量进样量。

7.2.2.1.4 试剂计量器 由玻璃或性能优良、耐试剂侵蚀的塑料等材质构成，能准确计量试剂加入量。

7.2.2.2 反应器单元 指进行显色反应的反应槽部分。由耐热性、耐试剂侵蚀性良好的硬质玻璃等构成，其形状易于清洗操作。

7.2.2.3 检测单元 由终点指示器（如光度计）及信号转换器构成。

7.2.2.3.1 终点指示器（如光度计）。

7.2.2.3.2 信号转换器 具有将测定值转换成电信号输出的功能，其构造可调整测定范围。

7.2.2.4 试剂贮存单元

7.2.2.4.1 纳氏试剂比色法 由纳氏试剂溶液、酒石酸钾钠溶液、氨氮标准溶液、硫酸锌溶液、NaOH 溶液等的贮存槽组成，所用材质具有不受各贮存试剂侵蚀的性能。各贮存槽贮存的试剂量能保证运行 1 周以上。

7.2.2.4.2 水杨酸光度法 由显色溶液、次氯酸钠溶液、氨氮标准溶液、亚硝基五氰络铁（III）钠溶液、KOH 清洗液等的贮存槽组成，所用材质具有不受各贮存试剂侵蚀的性能。各贮存槽贮存的试剂量能保证运行 1 周以上。

7.3 显示记录单元 具有将氨氮测量值以等分刻度、数字形式显示记录、打印下来的功能。

7.4 数据传输装置 有完整的数据采集、传输系统。

7.5 附属装置 根据需要，氨氮自动分析仪可配置以下附属装置。

7.5.1 清洗装置 指采用水等流体清洗电极或反应系统的清洗装置等。

7.5.2 自动采水装置 指自动采集试样并将其以一定流速输送至电极或反应单元的装置。

8 检验方法

8.1 试验条件

8.1.1 环境温度 在 10～30℃之间，温度变化幅度在±5℃以内。

8.1.2 相对湿度 （65±20）%。

8.1.3 电压 规定的电压（220±10%）V。

8.1.4　电源频率　规定的频率（50±1%）Hz。

8.1.5　流速　制造商规定的流速。

8.1.6　仪器预热时间　按说明书规定的时间。

8.2　试剂

8.2.1　水　按 GB 7479—87 方法获得无氨水。

8.2.2　零点校正液　采用 8.2.1 的水。

8.2.3　量程校正液　采用自动仪量程值 80%的溶液作为量程校正液。

8.2.4　电极法氨氮标准液（10.0 mg/L）　由浓度为 1 000 mg/L 的氨氮标准贮备溶液稀释获得。

8.2.5　光度法氨氮标准液（25.0 mg/L）　由浓度为 1 000 mg/L 的氨氮标准贮备溶液稀释获得。

8.2.6　其余试剂按照 GB 7479—87 和 GB 7481—87 方法或根据制造商提供的方法配制。

8.3　试验准备及校正

8.3.1　试验准备　长期处于干燥状态的氨电极，应预先将电极浸入水中浸泡过夜后，与信号转换器连接。接通电源，至试验开始前自动分析仪应预热 30 min 以上，以使各部分功能及显示记录单元稳定。在电极受沾污情况下，必要时应采用洗涤剂、0.01 mol/L 盐酸等洗涤后，用流水充分洗净。

8.3.2　仪器预热运行　接通电源后，按操作说明书规定的预热时间进行自动分析仪的预热运行，以使各部分功能及显示记录单元稳定。

8.3.3　校正　按仪器说明书的校正方法，用 8.2.2 和 8.2.3 校正液校正仪器零点和量程。交替进行零点校正和量程校正操作，调节分析仪直至标准液的测定值与指示值之差在±0.1 mg/L 以内为止。

备注：采用电极法时，在交替试验时，应用蒸馏水充分洗净氨气敏电极，以下同此。

8.4　电极法性能试验方法

8.4.1　重复性误差　在 8.1 的试验条件下，测定零点校正液 6 次，各次指示值作为零值。在相同条件下，测定电极法量程校正液 6 次，以各次测量值（扣除零值后）计算相对标准偏差。

8.4.2　零点漂移　采用零点校正液，连续测定 24 h。利用该段时间内的初期零值（最初的 3 次测定值的平均值），计算最大变化幅度相对于量程值的百分率。

8.4.3　量程漂移　采用电极法量程校正液，于零点漂移试验的前后分别测定 3 次，计算平均值。由减去零点漂移成分后的变化幅度，求出相对于量程值的百分率。

8.4.4　响应时间（T_{90}）　将电极从零点校正液移入标准液中，测定指示值达到 9 mg/L 所需要的时间。

8.4.5　温度补偿精度　将带有温度补偿传感器的氨电极浸入量程校正液中，在 10～30℃之间以 5℃的变化方式改变液温并测定自动分析仪的指示值。根据测定结果求出各测量值与该温度下量程校正液浓度值之差。

8.4.6　平均无故障连续运行时间　采用实际水样，连续运行 2 个月，记录总运行时间（h）和故障次数（次），计算平均无故障连续运行时间（MTBF）≥720 h/次（此项指标可在现场进行考核）。

8.4.7　实际水样比对实验　选择 5 种或 5 种以上实际水样，分别以自动监测仪器与国标方法（GB 11894—89）对每种水样的高、中、低三种浓度水平进行比对实验，每种水样在高、中、低三种浓度水平下的比对实验次数应分别不少于 15 次，计算该种水样相对误差绝对值的平均值（A）。比对实验过程应保证自动分析仪与国标方法测试水样的一致性。

$$A=\frac{\sum\left|X_n-B\right|}{nB}$$

式中：X_n——第 n 次测量值；

B——水样以国标方法（GB 7479—87 或 GB 7481—87）测定所得测量值；

n——为比对实验次数。

8.5 光度法性能试验方法

8.5.1 重复性误差 在 8.1 的试验条件下，测定零点校正液 3 次，各次指示值作为零值。在相同条件下，测定光度法量程校正液 6 次，以各次测量值（扣除零值后）计算相对标准偏差。

8.5.2 零点漂移 同 8.4.2。

8.5.3 量程漂移 采用光度法量程校正液，于零点漂移试验的前后分别测定 3 次，计算平均值。由减去零点漂移成分后的变化幅度，求出相对于量程值的百分率。

8.5.4 直线性 将分析仪校正零点和量程后，导入光度法氨氮标准液（25.0 mg/L），读取稳定后的指示值。求出该指示值对应的氨氮浓度与氨氮标准液的氨氮浓度之差相对于量程值的百分率。

8.5.5 平均无故障连续运行时间 同 8.4.6。

8.5.6 实际水样比对实验 同 8.4.7。

9 标识

在仪器上，必须在醒目处端正地表示以下有关事项，并符合国家的有关规定。

9.1 名称及型号。

9.2 测定对象。

9.3 测定范围。

9.4 使用温度范围。

9.5 电源类别及容量。

9.6 制造商名称。

9.7 生产日期和批号。

9.8 信号输出种类（必要时）。

10 操作说明书

操作说明书中，至少必须说明以下有关事项。

10.1 安装场所的选择。

10.2 试样流量。

10.3 配管及配线。

10.4 预热时间。

10.5 使用方法。

10.5.1 测定的准备及校正方法。

10.5.2 校正液的配制方法。

10.5.3 测定操作方法。

10.5.4 测定停止时的处置。

10.6 维护检查。

10.6.1 日常检查方法。

10.6.2 定期检查方法。

10.6.3 电极或反应系统的清洗。

10.6.4 故障时的对策。

10.7 其他使用上应注意的事项。

11 校验

11.1 日常校验 重现性、漂移和响应时间校准周期为每月至少进行一次现场校验，可自动校准或手工校准。

11.2　监督校验　安装的连续监测系统须定期进行校验，并将定期校验结果报送相应的环境保护行政主管部门。定期校验由具有相应资质的监测机构承担。

定期校验主要包括按环境监测技术规范进行现场比对测试、对运行数据和日常运行记录审核检查等。

附加说明：

本标准由国家环境保护总局科技标准司提出。

本标准由中国环境监测总站负责起草。

本标准由国家环境保护总局负责解释。

中华人民共和国环境保护行业标准

总氮水质自动分析仪技术要求

HJ/T 102—2003

The technical requirement for water quality automatic analyzer of total nitrogen

2003-03-28 发布　　2003-07-01 实施

1　范围

本技术要求规定了地表水、工业污水和市政污水的总氮水质自动分析仪的技术性能要求和性能试验方法，适用于该类仪器的研制生产和性能检验。

2　规范性引用文件

下列文件中的条款通过本标准的引用而成为本标准的条款。凡是注日期的引用文件，其随后所有的修改单（不包括勘误的内容）或修订版均不适用于本标准，然而，鼓励本标准达成协议的各方研究是否可使用这些文件的最新版本。凡是不注日期的引用文件，其最新版本适用于本标准。

GB 11894—89　水质　总氮的测定　碱性过硫酸钾消解紫外分光光度法

3　术语和定义

下列术语和定义适用于本标准。

3.1　试样

指导入自动分析仪的地表水、工业污水和市政污水。

3.2　校正液

为了获得与试样总氮浓度相同的指示值所配制的校正液，有以下几种。

3.2.1　零点校正液。

3.2.2　量程校正液。

3.3　零点漂移

指采用本技术要求中规定的零点校正液为试样连续测试，自动分析仪的指示值在一定时间内变化的大小相对于量程的百分率。

3.4　量程漂移

指采用本技术要求中规定的量程校正液为试样连续测试，相对于自动分析仪的测定量程，仪器指示值在一定时间内变化的大小相对于量程的百分率。

3.5　平均无故障连续运行时间

指自动分析仪在检验期间的总运行时间（h）与发生故障次数（次）的比值，以“MTBF”表示，单位为：h/次。

4 测定范围

测定最小范围：0～100 mg/L。

5 工作电压与频率

工作电压为单相（220±20）V，频率为（50±0.5）Hz。

6 性能要求

6.1 当采用第 8 项试验时，总氮自动分析仪的性能必须满足表 1 的技术要求。

6.2 系统具有设定、校对和显示时间功能，包括年、月、日和时、分。

表 1 总氮自动分析仪的性能指标

项目	性能	试验方法
重复性误差	±10%	8.4.1
零点漂移	±5%	8.4.2
量程漂移	±10%	8.4.3
直线性	±10%	8.4.4
MTBF	≥720 h/次	8.4.5
实际水样比对实验	±10%	8.4.5
电压稳定性	指示值的变动在±10%以内	8.4.7
绝缘阻抗	5MΩ以上	8.4.8

6.3 当系统意外断电且再度上电时，系统能自动排出断电前正在测定的试样和试剂、自动清洗各通道、自动复位到重新开始测定的状态。若系统在断电前处于加热消解状态，再次通电后系统能自动冷却，之后自动复位到重新开始测定的状态。

6.4 当试样或试剂不能导入反应器时，系统能通过蜂鸣器报警并显示故障内容。同时，停止运行直至系统被重新启动。

7 仪器构造

7.1 一般构造

必须满足以下各项要求。

7.1.1 结构合理，产品组装坚固、零部件紧固无松动。

7.1.2 在正常的运行状态下，可平稳工作，无安全危险。

7.1.3 各部件不易产生机械、电路故障，构造无安全危险。

7.1.4 具有不因水的浸湿、结露等而影响自动分析仪运行的性能。

7.1.5 便于维护、检查作业，无安全危险。

7.1.6 显示器无污点、损伤。显示部分的字符笔画亮度均匀、清晰；无暗角、黑斑、彩虹、气泡、暗显示、隐划、不显示、闪烁等现象。

7.1.7 说明功能的文字、符号、标志应符合本标准“9 标识”的规定。

7.2 构造

总氮自动分析仪的构成应包括：计量单元、反应器单元、检测单元、试剂贮存单元（根据需要）以及显示记录、数据处理、信号传输等单元。

7.3 计量单元

指计量一定量的试样及试剂并送入反应器单元的部分，由试样导入管、试剂导入管、试样计量器、试剂计量器等部分构成。

7.3.1 试样导入管 由不被试样侵蚀的塑料、玻璃、橡胶等材质构成，为了准确地将试样导入计量器，试样导入管应备有泵或试样贮槽（罐）。

7.3.2 试剂导入管 由玻璃或性能优良、耐试剂侵蚀的塑料、橡胶等材质构成，为了准确地将试剂导入计量器，试剂导入管应备有泵。

7.3.3 试样计量器 由不被试样侵蚀的玻璃、塑料等材质构成，能准确计量试样加入量。

7.3.4 试剂计量器 由玻璃或性能优良、耐试剂侵蚀的塑料等材质构成，能准确计量试剂加入量。

7.4 反应器单元

指进行试样消解氧化部分，由反应槽、加热器等构成。

7.4.1 反应槽 由耐热性、耐试剂侵蚀性良好的硬质玻璃等构成，其形状易于清洗操作。

7.4.2 加热器 在环境温度为25℃情况下，具有当试剂加入10 min后，能使反应槽内液体温度上升85℃以上；当试剂加入15 min后，能使反应槽内液体温度上升95℃以上的加热特性。

7.5 检测单元

由紫外可见分光光度计等构成。

7.5.1 终点指示器（如：紫外可见分光光度计）。

7.5.2 信号转换器 具有将测定值转换成电信号输出的功能，其构造可调整测定范围。

7.6 试剂贮存单元

由碱性过硫酸钾溶液、硝酸钾标准溶液、NaOH溶液等的贮存槽组成，所用材质具有不受各贮存试剂侵蚀的性能。各贮存槽贮存的试剂量能保证运行1周以上。

7.7 显示记录单元

具有将总氮测定值按比例转换成直流电压或电流输出，或将测定值显示或记录下来的功能。

7.8 附属装置

根据需要，自动分析仪可配置试样稀释和自动清洗等装置。

8 检验方法

8.1 试验条件

8.1.1 环境温度 在10～40℃之间，温度变化幅度在±5℃/d以内。

8.1.2 相对湿度 在（65±20）%以内。

8.1.3 电压 规定的电压（220±20）V。

8.1.4 电源频率 规定的频率（50±0.5）Hz。

8.1.5 仪器预热时间 按说明书规定的时间。

8.2 试剂

8.2.1 水 按GB 11894—89方法获得无氨水。

8.2.2 零点校正液 采用8.2.1的水。

8.2.3 量程校正液 采用80%量程值的溶液。

8.2.4 总氮标准液（50.0 mg/L） 由浓度为100 mg/L的总氮标准贮备溶液稀释获得。作为直线性试验溶液。

8.2.5 其余试剂按照GB 11894—89方法或仪器制造商提供的方法配制。

8.3 试验准备及校正

8.3.1 仪器预热运行 接通电源后，按操作说明书规定的预热时间进行自动分析仪的预热运行，以使各部分功能及显示记录单元稳定。

8.3.2 校正 按仪器说明书的校正方法，用 8.2.2 和 8.2.3 校正液校正仪器零点和量程。

8.4 性能试验方法

8.4.1 重复性误差 在 8.1 的试验条件下，测定零点校正液 6 次，各次指示值的平均值作为零点值。在相同条件下，测定量程校正液 6 次，计算相对标准偏差。

8.4.2 零点漂移 采用零点校正液，连续测定 24 h。利用该段时间内的初期零值（最初的 3 次测定值的平均值），计算最大变化幅度相对于量程值的百分率。

8.4.3 量程漂移 采用量程校正液，于零点漂移试验的前后分别测定 3 次，计算平均值。由减去零点漂移成分后的变化幅度，求出相对于量程值的百分率。

8.4.4 直线性 将分析仪校正零点和量程后，导入直线性试验溶液，读取稳定后的指示值。求出该指示值对应的总氮浓度与直线性试验溶液的总氮浓度之差相对于量程值的百分率。

8.4.5 平均无故障连续运行时间 采用实际水样，连续运行 2 个月，记录总运行时间（h）和故障次数（次），计算平均无故障连续运行时间（MTBF）≥720 h/次（此项指标可在现场进行考核）。

8.4.6 实际水样比对实验 选择 5 种或 5 种以上实际水样，分别以自动监测仪器与国标方法（GB 11894—89）对每种水样的高、中、低三种浓度水平进行比对实验，每种水样在高、中、低三种浓度水平下的比对实验次数应分别不少于 15 次，计算该种水样相对误差绝对值的平均值（A）。比对实验过程应保证自动分析仪与国标方法测试水样的一致性。

$$A=\frac{\sum\left|X_n-B\right|}{nB}$$

式中：X_n——第 n 次测量值；

B——水样以国标方法（GB 11894—89）测定所得测量值；

n——为比对实验次数。

8.4.7 相对于电压波动的稳定性 采用量程校正液，在指示值稳定后，加上高于或低于规定电压 10% 的电源电压时，读取指示值。分别测定 3 次，计算各测定值与平均值之差相对于量程值的百分率。

8.4.8 绝缘阻抗 在正常环境下，在关闭自动分析仪电路状态时，采用国家规定的阻抗计测量（直流 500 V 绝缘阻抗计）电源相与机壳（接地端）之间的绝缘阻抗。

9 标识

在仪器上，必须在醒目处端正地表示以下有关事项，并符合国家的有关规定。

9.1 名称及型号。

9.2 测定对象。

9.3 测定范围。

9.4 使用温度范围。

9.5 电源类别及容量。

9.6 制造商名称。

9.7 生产日期和批号。

9.8 信号输出种类（必要时）。

10 操作说明书

操作说明书中，至少必须说明以下有关事项。

10.1 安装场所的选择。

10.2 试样流量。

10.3 配管及配线。

10.4 预热时间。

10.5 使用方法。

10.5.1 测定的准备及校正方法。

10.5.2 校正液的配制方法。

10.5.3 测定操作方法。

10.5.4 测定停止时的处置。

10.6 维护检查。

10.6.1 日常检查方法。

10.6.2 定期检查方法。

10.6.3 反应系统的清洗。

10.6.4 故障时的对策。

10.7 其他使用上应注意的事项。

11 校验

11.1 日常校验

重现性、漂移和响应时间校准周期为每月至少进行一次现场校验，可自动校准或手工校准。

11.2 监督校验

安装的连续监测系统须定期进行校验，并将定期校验结果报送相应的环境保护行政主管部门。定期校验由具有相应资质的监测机构承担。

定期校验主要包括按环境监测技术规范进行现场比对测试、对运行数据和日常运行记录审核检查等。

附加说明：

本标准由国家环境保护总局科技标准司提出。

本标准由中国环境监测总站负责起草。

本标准由国家环境保护总局负责解释。

中华人民共和国环境保护行业标准

总磷水质自动分析仪技术要求

HJ/T 103—2003

The technical requirement for water quality automatic analyzer of total phosphorous

2003-03-28 发布　　　　2003-07-01 实施

1 范围

本技术要求规定了地表水、工业污水和市政污水的总磷水质自动分析仪的技术性能要求和性能试验方法，适用于该类仪器的研制生产和性能检验。

2 规范性引用文件

下列文件中的条款通过本标准的引用而成为本标准的条款。凡是注日期的引用文件，其随后所有的修改单（不包括勘误的内容）或修订版均不适用于本标准，然而，鼓励本标准达成协议的各方研究是否可使用这些文件的最新版本。凡是不注日期的引用文件，其最新版本适用于本标准。

GB 11893—89　水质　总磷的测定　钼酸铵分光光度法

3 术语和定义

下列术语和定义适用于本标准。

3.1　试样

指导入自动分析仪的地表水、工业污水和市政污水。

3.2　校正液

为了获得与试样总磷浓度相同的指示值所配制的校正液，有以下几种。

3.2.1　零点校正液。

3.2.2　量程校正液。

3.3　零点漂移

指采用本技术要求中规定的零点校正液为试样连续测试，自动分析仪的指示值在一定时间内变化的大小相对于量程的百分率。

3.4　量程漂移

指采用本技术要求中规定的量程校正液为试样连续测试，相对于自动分析仪的测定量程，仪器指示值在一定时间内变化的大小相对于量程的百分率。

3.5　平均无故障连续运行时间

指自动分析仪在检验期间的总运行时间（h）与发生故障次数（次）的比值，以“MTBF”表示，单位为：h/次。

4　测定范围

测定最小范围：0～50 mg/L。

5　工作电压与频率

工作电压为单相（220±20）V，频率为（50±0.5）Hz。

6　性能

6.1　当采用第 8 项试验时，总磷自动分析仪的性能必须满足表 1 的技术要求。

6.2　系统具有设定、校对和显示时间功能，包括年、月、日和时、分。

表 1　总磷自动分析仪的性能指标

项目	性能	试验方法
重复性误差	±10%	8.4.1
零点漂移	±5%	8.4.2
量程漂移	±10%	8.4.3
直线性	±10%	8.4.4
MTBF	≥720 h/次	8.4.5
实际水样比对实验	±10%	8.4.6
电压稳定性	指示值的变动在±10%以内	8.4.7
绝缘阻抗	5MΩ以上	8.4.8

6.3　当系统意外断电且再度上电时，系统能自动排出断电前正在测定的试样和试剂、自动清洗各通道、自动复位到重新开始测定的状态。若系统在断电前处于加热消解状态，再次通电后系统能自动冷却，之后自动复位到重新开始测定的状态。

6.4　当试样或试剂不能导入反应器时，系统能通过蜂鸣器报警并显示故障内容。同时，停止运行直至系统被重新启动。

7　仪器构造

7.1　一般构造　必须满足以下各项要求。

7.1.1　结构合理，产品组装坚固、零部件紧固无松动。

7.1.2　在正常的运行状态下，可平稳工作，无安全危险。

7.1.3　各部件不易产生机械、电路故障，构造无安全危险。

7.1.4　具有不因水的浸湿、结露等而影响自动分析仪运行的性能。

7.1.5　便于维护、检查作业，无安全危险。

7.1.6　显示器无污点、损伤。显示部分的字符笔画亮度均匀、清晰；无暗角、黑斑、彩虹、气泡、暗显示、隐划、不显示、闪烁等现象。

7.1.7　说明功能的文字、符号、标志应符合本标准“9 标识”的规定。

7.2　构造　总磷自动分析仪的构成应包括：计量单元、反应器单元、检测单元、试剂贮存单元（根据需要）以及显示记录、数据处理、信号传输等单元。

7.3　采样部分　有完整密闭的采样系统。

7.4　计量单元　指计量一定量的试样及试剂并送入反应器单元的部分，由试样导入管、试剂导入管、试样计量器、试剂计量器等部分构成。

7.4.1　试样导入管　由不被试样侵蚀的塑料、玻璃、橡胶等材质构成，为了准确地将试样导入计量器，试样导入管应备有泵或试样贮槽（罐）。

7.4.2　试剂导入管　由玻璃或性能优良、耐试剂侵蚀的塑料、橡胶等材质构成，为了准确地将试剂导入计量器，试剂导入管应备有泵。

7.4.3　试样计量器　由不被试样侵蚀的玻璃、塑料等材质构成，能准确计量进入反应单元的试样量。

7.4.4　试剂计量器　由玻璃或性能优良、耐试剂侵蚀的塑料等材质构成，能准确计量试剂加入量。

7.5　反应器单元　指进行试样消解氧化部分，由反应槽、加热器等构成。

7.5.1　反应槽　由耐热性、耐试剂侵蚀性良好的硬质玻璃等构成，其形状易于清洗操作。

7.5.2　加热器　在环境温度为 25℃情况下，具有当试剂加入 10 min 后，能使反应槽内液体温度上升 85℃以上；当试剂加入 15 min 后，能使反应槽内液体温度上升 95℃以上的加热特性。

7.6　检测单元　由紫外可见分光光度计等构成。

7.6.1　终点指示器（如：紫外可见分光光度计）。

7.6.2　信号转换器　具有将测定值转换成电信号输出的功能，其构造可调整测定范围。

7.7　试剂贮存单元　由过硫酸钾溶液、磷标准溶液、抗坏血酸溶液、钼酸铵等的贮存槽组成，所用材质具有不受各贮存试剂侵蚀的性能。贮存的试剂量能保证运行 1 周以上。

7.8　显示记录单元　具有将总磷测定值按比例转换成直流电压或电流输出，或将测定值显示或记录下来的功能。

7.9　数据传输装置　有完整的数据采集、传输系统。

7.10　附属装置　根据需要，自动分析仪可配置试样稀释和自动清洗等装置。

8　检验方法

8.1　试验条件

8.1.1　环境温度　在 10～40℃之间，温度变化幅度在±5℃/d 以内。

8.1.2　相对湿度　在（65±20）%以内。

8.1.3　电压　规定的电压（220±20）V。

8.1.4　电源频率　规定的频率（50±0.5）Hz。

8.1.5　仪器预热时间　按说明书规定的时间。

8.2　试剂

8.2.1　水　蒸馏水。

8.2.2　零点校正液　采用 8.2.1 的水。

8.2.3　量程校正液　采用 80%量程值的溶液。

8.2.4　总磷标准液（25.0 mg/L）　由浓度为 50.0 mg/L 的总磷标准贮备溶液稀释获得。该溶液作为直线性试验溶液。

8.2.5　其余试剂按照 GB 11893—89 方法或仪器制造商提供的方法配制。

8.3　试验准备及校正

8.3.1　仪器预热运行　接通电源后，按操作说明书规定的预热时间进行自动分析仪的预热运行，以使各部分功能及显示记录单元稳定。

8.3.2　校正　按仪器说明书的校正方法，用 8.2.2 和 8.2.3 校正液进行仪器零点校正和量程校正。

8.4　性能试验方法

8.4.1　重复性误差　在 8.1 的试验条件下，测定零点校正液 6 次，各次指示值作为零值。在相同条件下，测定电极法量程校正液 6 次，以各次测量值（扣除零值后）计算相对标准偏差。

8.4.2　零点漂移　采用零点校正液，连续测定 24h。利用该段时间内的初期零值（最初的 3 次测定值的平均值），计算最大变化幅度相对于量程值的百分率。

8.4.3 量程漂移 采用量程校正液，于零点漂移试验的前后分别测定 3 次，计算平均值。由减去零点漂移成分后的变化幅度，求出相对于量程值的百分率。

8.4.4 直线性 将分析仪校正零点和量程后，导入直线性试验溶液，读取稳定后的指示值。求出该指示值对应的总磷浓度与直线性试验溶液的总磷浓度之差相对于量程值的百分率。

8.4.5 平均无故障连续运行时间 采用实际水样，连续运行 2 个月，记录总运行时间（h）和故障次数（次），计算平均无故障连续运行时间（MTBF）≥720h/次（此项指标可在现场进行考核）。

8.4.6 实际水样比对实验 选择 5 种或 5 种以上实际水样，分别以自动监测仪器与国标方法（GB 11894—89）对每种水样的高、中、低三种浓度水平进行比对实验，每种水样在高、中、低三种浓度水平下的比对实验次数应分别不少于 15 次，计算该种水样相对误差绝对值的平均值（A）。比对实验过程应保证自动分析仪与国家推荐方法测试水样的一致性。

$$A=\frac{\sum\left|X_n-B\right|}{nB}$$

式中：X_n——第 n 次测量值；

B——水样以国标方法（GB 11893—89）测定所得测量值；

n——比对实验次数。

8.4.7 相对于电压波动的稳定性 采用量程校正液，在指示值稳定后，加上高于或低于规定电压 10% 的电源电压时，读取指示值。分别测定 3 次，计算各测定值与平均值之差相对于量程值的百分率。

8.4.8 绝缘阻抗 在正常环境下，在关闭自动分析仪电路状态时，采用国家规定的阻抗计测量（直流 500V 绝缘阻抗计）电源相与机壳（接地端）之间的绝缘阻抗。

9 标识

在仪器上，必须在醒目处端正地表示以下有关事项，并符合国家的有关规定。

9.1 名称及型号。

9.2 测定对象。

9.3 测定范围。

9.4 使用温度范围。

9.5 电源类别及容量。

9.6 制造商名称。

9.7 生产日期和批号。

9.8 信号输出种类（必要时）。

10 操作说明书

操作说明书中，至少必须说明以下有关事项。

10.1 安装场所的选择。

10.2 试样流量。

10.3 配管及配线。

10.4 预热时间。

10.5 使用方法。

10.5.1 测定的准备及校正方法。

10.5.2 校正液的配制方法。

10.5.3 测定操作方法。

10.5.4　测定停止时的处置。

10.6　维护检查。

10.6.1　日常检查方法。

10.6.2　定期检查方法。

10.6.3　反应系统的清洗。

10.6.4　故障时的对策。

10.7　其他使用上应注意的事项。

11　校验

11.1　日常校验　重现性、漂移和响应时间校准周期为每月至少进行一次现场校验，可自动校准或手工校准。

11.2　监督校验　安装的连续监测系统须定期进行校验，并将定期校验结果报送相应的环境保护行政主管部门。定期校验由具有相应资质的监测机构承担。

定期校验主要包括按环境监测技术规范进行现场比对测试、对运行数据和日常运行记录审核检查等。

附加说明：

本标准由国家环境保护总局科技标准司提出。

本标准由中国环境监测总站负责起草。

本标准由国家环境保护总局负责解释。

中华人民共和国环境保护行业标准

总有机碳（TOC）水质自动分析仪技术要求 HJ/T 104—2003

The technical requirement for water quality automatic analyzer of total organic carbon

2003-03-28 发布　　2003-07-01 实施

1　范围

本技术要求规定了地表水、工业污水和市政污水中的总有机碳（TOC）水质自动分析仪的技术性能要求和性能试验方法，适用于该类仪器的研制生产和性能检验。

2　规范性引用文件

下列文件中的条款通过本标准的引用而成为本标准的条款。凡是注日期的引用文件，其随后所有的修改单（不包括勘误的内容）或修订版均不适用于本标准，然而，鼓励本标准达成协议的各方研究是否可使用这些文件的最新版本。凡是不注日期的引用文件，其最新版本适用于本标准。

GB 13193—91　水质　总有机碳（TOC）的测定　非分散红外线吸收法

3　术语和定义

下列术语和定义适用于本标准。

3.1　试样

指导入自动分析仪的地表水、工业污水和市政污水。

3.2　校正液

为了获得与试样 TOC 浓度相同指示值所配制的校正液，有以下几种。

3.2.1　零点校正液。

3.2.2　量程校正液。

3.3　零点漂移

指采用本技术要求中规定的零点校正液为试样连续测试，自动分析仪的指示值在一定时间内变化的大小。

3.4　量程漂移

指采用本标准中规定的量程校正液为试样连续测试，相对于自动分析仪的测定量程，仪器指示值在一定时间内变化的大小。

3.5　间歇式

指将除去无机碳以后的试样以一定的时间间隔导入反应检测单元的方式。

3.6　连续式

指将除去无机碳以后的试样以一定的流量导入反应检测单元的方式。

3.7 平均无故障连续运行时间

指自动分析仪在检验期间的总运行时间（h）与发生故障次数（次）的比值，以“MTBF”表示，单位为：h/次。

3.8 响应时间（T_{90}）

从零点校正液移入量程校正液至到达量程校正液 90%所需要的时间（min）。

4 原理

4.1 干式氧化原理　指填充铂系、氧化铝系、钴系等催化剂的燃烧管保持在 680～1 000℃，将由载气导入的试样中的 TOC 燃烧氧化。干式氧化反应器常采用的方式有两种，一种是将载气连续通入燃烧管，另一种是将燃烧管关闭一定时间，在停止通入载气的状态下，将试样中的 TOC 燃烧氧化。

4.2 湿式氧化原理　指向试样中加入过硫酸钾等氧化剂，采用紫外线照射等方式施加外部能量将试样中的 TOC 氧化。

5 测定范围

测定最小范围：0～50 mg/L。

6 工作电压与频率

工作电压为单相（220±20）V，频率为（50±0.5）Hz。

7 性能要求

7.1 当采用第 9 项试验时，TOC 自动分析仪的性能必须满足表 1 的技术要求。

表 1 TOC 水质自动分析仪的性能指标

项目	性能	试验方法
重复性误差	±5%	9.4.1
零点漂移	±5%	9.4.2
量程漂移	±5%	9.4.3
直线性	±5%	9.4.4
响应时间（T_{90}）	间歇式：5 min 以内	9.4.5
	连续式：15 min 以内	
MTBF	≥720 h/次	9.4.6
实际水样比对试验	±5%	9.4.7
电压稳定性	±5%	9.4.8
绝缘阻抗	20MΩ以上	9.4.9

7.2 系统具有设定、校对和显示时间功能，包括年、月、日和时、分。

7.3 当系统意外断电且再度上电时，系统能自动排出断电前正在测定的试样和试剂、自动清洗各通道、自动复位到重新开始测定的状态。

7.4 当试样或试剂不能导入反应器时，系统能通过蜂鸣器报警并显示故障内容。同时，停止运行直至系统被重新启动。

8 仪器构造

8.1 一般构造　必须满足以下各项要求。

8.1.1 结构合理，机箱外壳表面及装饰无裂纹、变形、划痕、污浊、毛刺等现象，表面涂层均匀，无腐蚀、生锈、脱落及磨损现象。产品组装坚固、零部件紧固无松动，按键、开关门锁等配合适度，控制灵活可靠。

8.1.2 在正常的运行状态下，可平稳工作，无安全危险。

8.1.3 各部件不易产生机械、电路故障，构造无安全危险。

8.1.4 具有不因水的浸湿、结露等而影响自动分析仪运行的性能。

8.1.5 燃烧器等发热结合部分，具有不因加热而发生变形及机能改变的性能。

8.1.6 便于维护、检查作业，无安全危险。

8.1.7 显示器无污点、损伤。显示部分的字符笔画亮度均匀、清晰；无暗角、黑斑、彩虹、气泡、暗显示、隐划、不显示、闪烁等现象。

8.1.8 说明功能的文字、符号、标志应符合本标准“10 标识”的规定。

8.2 构造 TOC 自动分析仪的构成应包括：试样导入单元、无机碳除去单元、反应器单元、检测单元，以及显示记录、数据处理、信号传输等单元。

8.3 试样导入单元 指通过试样采集单元的试样导管将试样送入反应检测单元的连接部分，并可与试样导管连接。

8.3.1 采样部分 有完整密闭的采样系统。

8.3.2 试样导入管 由不被试样侵蚀的塑料、玻璃、橡胶等材质构成，为了准确地将试样导入计量器，试样导入管应备有泵或试样贮槽（罐）。

8.3.3 试剂导入管 由玻璃或性能优良、耐试剂侵蚀的塑料、橡胶等材质构成，为了准确地将试剂导入计量器，试剂导入管应备有泵。

8.3.4 试样计量器 由不被试样侵蚀的玻璃、塑料等材质构成，能准确计量进入反应单元的试样量。

8.3.5 试剂计量器 由玻璃或性能优良、耐试剂侵蚀的塑料等材质构成，能准确计量试剂加入量。

8.4 无机碳除去单元 指以 CO_2 形式除去试样中的无机碳部分。由加入一定量的酸，搅拌、曝气等装置结构组成。

8.5 反应检测单元 指将除去无机碳后的试样以一定量或一定流量导入，将 TOC 转化成 CO_2 定量测定的部分。由载气供给器、注入器、氧化反应器、气液分离器以及检测器（红外线气体分析仪）组成。

8.5.1 载气供给器 实施载气的供给和控制。主要用于输送除去无机碳后的试样的氧化产物以及供给试样中 TOC 反应所需的必要量的氧气。载气采用空气或氮气（纯度在 99.99%以上）。

备注：以空气为载气时，必须具有用于除去 CO_2 的空气精制装置。以氮气为载气时，在供给器和氧化反应器之间应设置氧气混入机构。

8.5.2 注入器 分间歇式和连续式两种。

8.5.2.1 采用间歇式进样时，先计量一定量除去无机碳后的试样，用载气送入氧化反应器。例如：可采用具有计量管的滑阀。

8.5.2.2 采用连续式进样时，以一定的流量将除去无机碳后的试样送入氧化反应器。例如：可采用定量泵。

备注：为了只进行反应检测单元的性能检查，上述任一种进样方式，应具有可利用该单元导入零点校正液、量程校正液等的构造。

8.5.3 氧化反应器 分为干式或湿式两种。

8.5.3.1 干式氧化反应器：指填充铂系、氧化铝系、钴系等催化剂的燃烧管保持在 680～1 000℃，将由载气导入的试样中的 TOC 燃烧装置。干式氧化反应器常采用的方式有两种，一种是将载气连续通入燃烧管，另一种是将燃烧管关闭一定时间，在停止通入载气的状态下，将试样中的 TOC 燃烧氧化。

8.5.3.2 湿式氧化反应器：指向试样中加入过硫酸钾等氧化剂，采用紫外线照射等方式施加外部能量将 TOC 氧化。

8.5.4 气液分离器 指用于将从氧化反应器送来的气体，经冷却以除去气体中的水分的装置。由冷却器、冷凝管以及排水阱构成。

8.5.5 检测器 如：非分散红外气体分析仪等。

8.6 显示记录单元 具有将 TOC 值以等分形式显示记录下来的功能。

8.7 数据传输装置 有完整的数据采集、传输系统。

8.8 附属装置 根据需要，TOC 自动分析仪可配置以下附属装置。

8.8.1 数据处理装置 将 TOC 值以数字形式表示，具有打印及计算等数据处理功能。

8.8.2 自动校正器 具有在一定周期内，自动进行分析仪的零点及量程校正功能。

9 检验方法

9.1 试验条件

9.1.1 环境温度 在 0～40℃之间，温度变化幅度在±5℃/d 以内。

9.1.2 湿度 相对湿度在 90%以下。

9.1.3 大气压 在 86～106 kPa 压力下，其变化幅度在±5%以内。

9.1.4 电压 规定的电压（220±20）V。

9.1.5 电源频率 规定的频率（50±0.5）Hz。

9.1.6 仪器预热时间 按说明书规定的时间。

9.2 试剂

9.2.1 蒸馏水 按 GB 13193—91 方法获得不含 CO_2 的蒸馏水（以下简称“水”）。

9.2.2 零点校正液 采用 9.2.1 的水。

9.2.3 量程校正原液（1 000 mg/L） 将邻苯二甲酸氢钾于 100℃干燥约 30 min，置于保干器中冷却后，称取 2.125 g，用零点校正液溶解后全量转入 1 000 ml 容量瓶中，加零点校正液至刻度标线。

9.2.4 量程中间校正液 取适量量程校正原液（配制溶液的 TOC 值约为所用量程的 50%）于容量瓶中，加零点校正液至刻度标线。使用时配制。

9.2.5 量程校正液 采用 80%量程的溶液。在使用时配制。

9.2.6 无机碳残留率试验液 取适量无机碳残留率试验原液（配制溶液的 TOC 值约为所用量程的 80%以上）于容量瓶中，加零点校正液至刻度标线。

9.3 试验准备及校正

9.3.1 仪器预热运行 接通电源后，按操作说明书规定的预热时间进行自动分析仪的预热运行，以使各部分功能及显示记录单元稳定。

9.3.2 校正 按仪器说明书的校正方法，用 9.2.2 和 9.2.3 校正液进行仪器零点校正和量程校正。

9.4 性能试验方法

9.4.1 重复性误差 在 9.1 的试验条件下，测定零点校正液 6 次，各次指示值的平均值作为零点值。在相同条件下，测定量程校正液 6 次，计算 6 次量程测定值的相对标准偏差。

9.4.2 零点漂移 采用零点校正液，连续测定 24 h。利用该段时间内的初期零值（最初的 3 次测定值的平均值），计算最大变化幅度相对于量程值的百分率。

9.4.3 量程漂移 在零点漂移试验中，于零点漂移试验的前后采用量程校正液代替零点校正液，分别测定 3 次，计算平均值。由减去零点漂移成分后的初期量程值的变化幅度，求出相对于量程值的百分率。

9.4.4 直线性 将分析仪校正零点和量程后，导入量程中间校正液，在指示值稳定后，读取量程中间值。求出该量程中间值对应的 TOC 浓度与量程中间校正液的 TOC 浓度之差相对于量程值的百分率。

9.4.5 响应时间 从试样导入口导入零点校正液，在指示值稳定后，导入量程校正液。求出从开始导入量程校正液至到达量程校正液最终指示值的 90%所需要的时间（min）。

9.4.6 平均无故障连续运行时间 采用实际水样，连续运行 2 个月，记录总运行时间（h）和故障次数（次），计算平均无故障连续运行时间（MTBF）≥720 h/次（此项指标可在现场进行考核）。

9.4.7 实际水样比对实验 选择 5 种或 5 种以上实际水样，分别以自动监测仪器与国标方法（GB 11894—89）对每种水样的高、中、低三种浓度水平进行比对实验，每种水样在高、中、低三种浓度水平下的比对实验次数应分别不少于 15 次，计算该种水样相对误差绝对值的平均值（A）。比对实验过程应保证自动分析仪与国标方法测试水样的一致性。

$$A = \frac{\sum |X_n - B|}{nB}$$

式中：X_n——第 n 次测量值；

B——水样以国标方法（GB 13193—91）测定所得测量值；

n——为比对实验次数。

9.4.8 相对于电压波动的稳定性 采用量程校正液，加上高于或低于规定电压 10%的电源电压时，读取指示值。分别进行 3 次测定，计算各测定值与平均值之差相对于量程值的百分率。

9.4.9 绝缘阻抗 在正常环境下，在关闭自动分析仪电路状态时，采用国家规定的阻抗计测量（直流 500 V 绝缘阻抗计）电源相与机壳（接地端）之间的绝缘阻抗。

10 标识

在仪器上，必须在醒目处端正地表示以下有关事项，并符合国家的有关规定。

10.1 名称及型号。

10.2 测定对象。

10.3 测定浓度范围。

10.4 使用温度范围。

10.5 电源类别及容量。

10.6 制造商名称。

10.7 生产日期和批号。

10.8 信号输出种类（必要时）。

10.9 危险提示（高温部、强光线等）（必要时）。

11 操作说明书

操作说明书中，至少必须说明以下有关事项。

11.1 安装场所的选择以及试样的采集方法。

11.2 试样的前处理方法。

11.3 试样流量。

11.4 配管及配线。

11.5 预热时间。

11.6 使用方法。

11.6.1 测定的准备及校正方法。

11.6.2 校正液的配制方法。

11.6.3 测定操作方法。

11.6.4 测定停止时的处置。

11.7 排出废液的处理。

11.8 维护检查。

11.8.1 日常检查方法。

11.8.2 定期检查方法。

11.8.3 流路系统的清洗。

11.8.4 故障时的对策。

11.9 其他使用上应注意的事项。

12 校验

12.1 日常校验 重现性、漂移和响应时间校准周期为每月至少进行一次现场校验，可自动校准或手工校准。

12.2 监督校验 安装的连续监测系统须定期进行校验，并将定期校验结果报送相应的环境保护行政主管部门。定期校验由具有相应资质的监测机构承担。

定期校验主要包括按环境监测技术规范进行现场比对测试、对运行数据和日常运行记录审核检查等。

附加说明：

本标准由国家环境保护总局科技标准司提出。

本标准由中国环境监测总站负责起草。

本标准由国家环境保护总局负责解释。

中华人民共和国环境保护行业标准

紫外（UV）吸收水质自动在线监测仪技术要求

HJ/T 191—2005

Technical requirement for water quality on-line automatic monitor of UV

2005-09-20 发布　　2005-11-01 实施

1　范围

本技术要求规定了地表水、地下水和污水的紫外（UV）吸收自动在线监测仪（以下简称 UV 仪）的技术要求和性能试验方法。

本技术要求适用于 UV 仪的研制、生产和性能检验。

2　定义

2.1　试样

导入 UV 仪的地表水、地下水或污水等样品。

2.2　校正液

为了获得与试样光吸收系数相同的指示值所配置的校正液，有以下 2 种：

2.2.1　零点校正液。

2.2.2　量程校正液。

注：仪器校正时，对厂家已配置校正滤光片（或量程校正液）的 UV 仪也可直接采用校正滤光片（或量程校正液）进行校正，可以不用邻苯二甲酸氢钾量程校正液校正。

2.3　零点漂移

指采用本技术要求中规定的零点校正液（7.2.3）为试样连续测试，UV 仪显示值在一定时间内的变化。

2.4　量程漂移

指采用本技术要求中规定的量程校正液（7.2.5）为试样连续测试，UV 仪显示值在一定时间内的变化。

2.5　平均无故障连续运行时间（MTBF）

指 UV 仪在检验期间总运行的小时数（h）与发生的故障次数（次）之间的比值。单位：h/次。

2.6　光吸收系数（SAC）

将吸光度值 A 与池厚（光程）L（mm）之比作为光吸收系数（SAC），单位为 m^{-1}。计算公式：

$$\mathrm{SAC} = A \times \frac{1\,000}{L}$$

3 UV仪的种类、原理及测量范围

3.1 种类

按检测方式分类有单波长、多波长和扫描紫外吸收（UV）仪。

按安装方式分类有采水型和浸入型，采水型又分为吸收池型和落水型。

3.2 原理

3.2.1 单波长UV仪

以单波长254 nm作为检测光直接透过水样进行检测的UV仪。

3.2.2 多波长UV仪

在紫外光谱区内以多个紫外波长作为检测光源的UV仪。

3.2.3 扫描型UV仪

对水样进行可见和紫外区域扫描的UV仪。

3.2.4 采水型UV仪

将水样采集到仪器内部后，用吸收池或水流自然落下的方式进行检测的UV仪。

3.2.5 浸入型UV仪

将仪器的检测部分直接浸入水样中进行检测的UV仪。

3.3 干扰及消除

水样中浊度和色度会干扰UV仪测定。因此，所有UV仪须具有可见光光路，用于消除浊度和色度的影响。

3.4 测定范围

标准溶液浓度与换算成1 m光程的吸光度呈线性的范围。最小测定范围为0～20 m^{-1}，最高测定范围可达0～250 m^{-1}或更高。

4 工作电压与频率

工作电压为单相（220±20）V，频率为（50±0.5）Hz。

5 性能要求

5.1 当采用第7条试验时，UV仪的性能须满足表1的技术要求。

表1 UV仪的性能指标

项目	性能	试验方法
重复性	量程的±2%以内	7.4.1
零点漂移	量程的±2%以内	7.4.2
量程漂移	量程的±2%以内	7.4.3
直线性	量程的±5%以内	7.4.4
MTBF	≥720h/次	7.4.5
电源电压波动时的稳定性	量程的±2%以内	7.4.6
绝缘阻抗	2MΩ以上	7.4.7

5.2 系统具有设定、校对和显示时间功能，包括年、月、日和时、分。

5.3 当系统意外断电且再次上电时，系统能自动清洗吸收池、自动复位到重新开始测定的状态。

6 仪器构造

6.1 一般构造

必须满足以下各项要求。

6.1.1 结构合理，各部件的安装良好，坚固。

6.1.2 在正常运行状态下，可平稳工作。

6.1.3 各部件不易产生机械、电路故障。

6.1.4 不因漏水、被水浸湿和结露等影响 UV 仪的运行性能。

6.1.5 便于维护、检查，无安全危险。

6.2 结构

如图 1 所示，UV 仪的构成应包括：测量单元（光源、吸收池、检测器）和数据显示、数据处理、数据传输等。

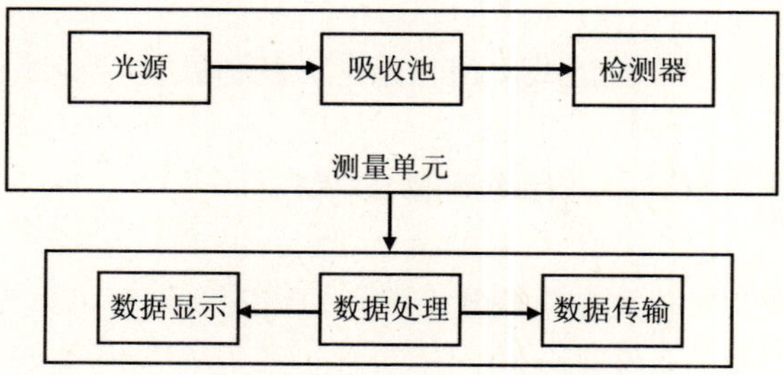

图 1 UV 仪的基本构成图

6.2.1 测量单元 由光源、吸收池、检测器组成。

（1）光源 由光源灯及其电源装置构成。单波长检测一般由低压汞灯作光源，提供 254 nm 的光。多波长检测一般采用氘灯、氙灯和钨灯等。

（2）吸收池 能使光源发出的光透过水样，并具有一定光程长的空间（池）。吸收池须具有自动清洗功能，能自动清除附着在池表面上遮挡光路的污物。

（3）检测器 光电系统接受透过吸收池的辐射光照射后产生电信号的装置。必要时可由透镜、光学滤膜等组合而成。

6.2.2 数据显示、处理和传输单元

（1）数据显示 具有将 UV 值按比例转换成直流电压或电流输出，并将测定值显示或记录下来的功能。

（2）数据处理 具有数据采集系统和换算等功能的装置。

（3）数据传输 具有数据输出、传输功能的装置。

6.2.3 附属装置 根据需要，UV 仪须配置试样自动稀释、自动清洗等附属装置。

7 检验方法

7.1 试验条件

7.1.1 环境温度 在 5～35℃之间，试验期间的温度变化在±5℃以内。

7.1.2 湿度 相对湿度在 85%以下。

7.1.3 大气压 在 95～106 kPa 压力下，其变化幅度在 5%以内。

7.1.4 电源电压 （220V±20）V AC。

7.1.5 电源频率 50 Hz±0.5 Hz。

7.1.6 仪器预热时间 按说明书规定的时间。

7.2 试剂

7.2.1 纯水 重蒸馏水（于蒸馏水中加入少许高锰酸钾进行重蒸馏）或确认无紫外吸收的水。

7.2.2 邻苯二甲酸氢钾 优级纯。在 120℃的温度下干燥 1 h，放置在干燥器中冷却后备用。

7.2.3 零点校正液 用纯水（7.2.1）作零点校正液。

7.2.4 量程校正储备液 准确称取 1.000 g 的邻苯二甲酸氢钾（7.2.2），用纯水（7.2.1）溶解后全量转入到 1 000 ml 的容量瓶中，再加纯水（7.2.1）定容至标线，备用。

7.2.5 量程校正液 按所需的倍数将量程校正储备液（7.2.4）进行稀释。

7.2.6 量程中间溶液 将量程校正液的浓度用纯水（7.2.1）稀释一倍，至量程校正液浓度的一半。

7.3 试验准备及校正

7.3.1 仪器预热 将仪器通电后，按说明书所述进行仪器预热，使仪器的各部分稳定运行。

7.3.2 校正 按仪器说明书中的校正方法，用零点和量程校正液进行零点校正和量程校正。

7.4 试验方法

7.4.1 重复性 在 7.1 的实验条件下，测定零点校正液 6 次，将各次显示值的平均值作为零值。在相同的条件下，测定量程校正液 6 次，将各次测定值扣除零值后计算相对标准偏差。

7.4.2 零点漂移 采用零点校正液，连续测定 24 h。利用该段时间内的初期零值（最初的 3 次测定值的平均值），计算最大变化幅度相对于量程值的百分比。

7.4.3 量程漂移 在零点漂移试验中，于零点漂移试验的前后采用量程校正液代替零点校正液，分别测定 3 次，计算平均值。由分别减去零点漂移后量程测定值的变化幅度，求出相对于量程值的百分比。

7.4.4 直线性 零点和量程校正后，测定量程中间溶液。当仪器显示值稳定后读取量程中间溶液的测定值（光吸收系数）。量程中间溶液测定值与量程中间溶液对应的光吸收系数（见附录 A）之差，相对于量程值的百分比。

7.4.5 MTBF 采用实际水样，连续运行 2 个月，记录总运行时间（h）和故障次数（次）。此项指标可在现场进行考核。

7.4.6 电源电压波动时仪器稳定性 采用量程校正液，加上高于或低于规定电压 10%的电源电压时，读取显示值。分别进行 3 次测定，计算各测定值与平均值之差相对于量程值的百分率。

7.4.7 绝缘阻抗 在关闭 UV 仪电路状态下，采用国家规定的阻抗计（直流 500 V 绝缘阻抗计）测量电源相与机壳（接地端）之间的阻抗。

8 标识

在仪器上，必须在醒目处端正地表示以下有关事项，并符合国家的有关规定。

8.1 名称及型号。

8.2 测定对象。

8.3 测定范围。

8.4 使用温度范围。

8.5 电源类别及功率。

8.6 制造商名称。

8.7 生产日期和批号。

9 操作说明书

操作说明书中，至少必须说明以下有关事项。

9.1 安装场所。

9.2 水样的前处理方法。

9.3 试样流量。
9.4 配管及配线。
9.5 预热时间。
9.6 使用方法。
9.6.1 测量原理及方式。
9.6.2 测定的准备及校正。
9.6.3 校正液的配制方法。
9.6.4 测定操作。
9.6.5 测定停止时的处置。
9.7 排出废液的处理。
9.8 维护检查。
9.8.1 日常检查和定期检查导则。
9.8.2 流路系统的清洗。
9.8.3 故障时的对策。

附录 A
（资料性附录）
邻苯二甲酸氢钾校正液光吸收系数

邻苯二甲酸氢钾校正液在 25℃的条件下，在 254 nm 紫外波长处的光吸收系数可参考下表。校正液的光吸收系数在 5～30℃之内的温度特性为 4.5×10^{-3}/℃。

量程校正液及其光吸收系数表（单波长 254 nm 检测方式）

邻苯二甲酸氢钾校正液浓度/（mg/L）	25℃时的光吸收系数（SAC）
50	44
100	87
200	174

附加说明：

本标准由国家环境保护总局科技标准司提出。
本标准由中国环境监测总站起草。
本标准由国家环境保护总局解释。

中华人民共和国环境保护行业标准

水质自动采样器技术要求及检测方法

HJ/T 372—2007

The technical requirement and test procedure for water quality automatic sampler

2007-11-12 发布　　2008-01-01 实施

1 适用范围

本标准规定了地表水、工业废水和生活污水水质自动采样器的技术性能要求和性能检测方法。

本标准适用于水质自动采样器的性能检验、选型使用和日常校核。

2 规范性引用文件

本标准内容引用了下列文件中的条款。凡是不注日期的引用文件，其有效版本适用于本标准。

GB 12998　水质　采样技术指导

3 术语和定义

下列术语和定义适用于本标准。

3.1　自动采样

指水质自动采样器按预定设置的采样模式，自动采集水样，直至定量注入采样瓶，最后将多余或滞留的水样排走及清洗管路的全过程。

3.2　在线采样

指将采样装置正确安装在采样点处，按预定设置的采样模式，对采样点监控的水质进行全程的、动态的水样采集的工作方式。

3.3　流量等比例采样

指每排放一设定体积污水，水质自动采样器将定量的水样从指定采样点分别采集到采样器中的指定样品容器内的采样方式。

3.4　时间等比例采样

按设定采样时间间隔，水质自动采样器将定量的水样从指定采样点分别采集到采样器中的指定样品容器内的采样方式。

3.5　混合采样

指水质自动采样器将同一采样点不同时间采集的样品，注入同一个采样瓶中的采样方式。通常用于分析某些水质参数在某个时间段内的平均值。

3.6　分瓶采样

指水质自动采样器将不同时间采集的样品，分别注入不同采样瓶中的采样方式。通常用于分析某些水质参数在不同时间的变化规律。

3.7　平均无故障连续运行时间（MTBF）

指水质自动采样器在检测期间的总运行时间（h）与发生故障次数（次）的比值，单位为：h/次。

4　技术要求

4.1　水质自动采样器的分类

根据采样是否连续分为连续自动采样器和非连续自动采样器；根据是否具有流量计量功能可分为带流量计量功能的自动采样器和不带流量计量功能的自动采样器；根据是否具有分瓶采样功能分为分瓶自动采样器和混合自动采样器；根据是否能用于固定源的在线水质采样分为在线式采样器和便携式采样器。

4.2　水质自动采样器性能

水质自动采样器的性能指标应符合表 1 的要求，并满足 GB 12998 有关自动采样设备的其他性能要求。

表 1　水质自动采样器性能指标

项目	性能	检测方法
采样量误差	±10%	5.3.1
等比例采样量误差	±15%	5.3.2
系统时钟时间控制误差	Δ1≤0.1%及Δ12≤30 s	5.3.3
机箱内温度控制误差（便携式水质自动采样器除外）	±2℃	5.3.4
采样垂直高度	≥5 m	5.3.5
水平采样距离	≥50 m	5.3.6
管路系统气密性	≤−0.05 MPa	5.3.7
平均无故障连续运行时间（MTBF）	≥1 440 h/次	5.3.8
绝缘阻抗	＞20 MΩ	5.3.9

4.3　外观

4.3.1　水质自动采样器表面不应有明显锉痕、划伤、裂缝、变形和污染，仪器表面涂镀层应均匀，不应起泡、龟裂、脱落和磨损，显示屏面板无破损及裂痕。产品组装坚固、零部件紧固无松动，按键、开关门锁等配合适度，控制灵活可靠。

4.3.2　水质自动采样器外壳应耐腐蚀，防尘防潮，密封性好，外壳材料宜使用不锈钢喷塑或 ABS 塑料（丙烯腈-丁二烯-苯乙烯共聚物）。

4.3.3　水质自动采样器应在明显位置标示仪器的名称、型号、制造厂名、厂址、出厂编号、出厂日期，具有流量计量功能的水质自动采样器，还应有计量器具制造许可证（CMC）标志。

4.3.4　显示器无污点、损伤。显示部分的字符笔画亮度均匀、清晰；无暗角、黑斑、彩虹、气泡、暗显示、隐划、不显示、闪烁等现象。

4.4　构造要求

水质自动采样器一般由控制单元、采水单元、水样分配单元、采样瓶、恒温单元等组成。

4.4.1　控制单元：控制完成采样的单元，应具有设置、显示、控制信号输出、信号采集和数据存储等功能。

4.4.2　采水单元：将水样采集至水质自动采样器的单元，一般由泵、管路和采样头组成。采样头宜设有 10～20 目的过滤网，防止漂浮物堵塞采样管路。

4.4.3　水样分配单元：将水样导入指定采样瓶的单元，要求水样分配单元保证导入准确，不发生外溢；水样分配单元应具有掉电自锁功能，采样瓶排布应紧凑。

4.4.4 采样瓶：用于存放水样，由惰性材料制成，易清洗，容量应在 500 ml 以上。

4.4.5 恒温单元：具有独立控温、低温冷藏水样的单元。

4.4.6 在正常运行状态下，水质自动采样器可平稳工作。水质自动采样器的部件不易产生机械、电路故障，便于维护、检查作业，无安全危险。在出现浸湿、结露等情况时，水质自动采样器应能保持正常运行。

4.5 水质自动采样器应具有设定、校对和显示时间功能，包括年、月、日和时、分。

4.6 当断电后，水质自动采样器应能恢复掉电前的工作状态，所设定的参数应不改变。

4.7 水质自动采样器不具有流量计量功能时，应配备与流量计连接的接口，实现流量等比例采样。

4.8 水质自动采样器应具备通信接口，具备远程启动、远程设置等功能。

4.9 采样模式至少应具有定时、时间等比例、流量等比例、液位比例、远程控制等采样模式。

4.10 水质自动采样器的最小采样量不大于 10 ml；最小采样间隔小于 30 min。

4.11 控制单元应具有保存采样记录、故障信息和样品保存温度超标报警信息等功能，并能够输出存储的信息。

4.12 水质自动采样器应具备空气反吹、自动清洗功能。

4.13 水质自动采样器应具备自动终止采样功能，当样品达到预设次数时，水质自动采样器自动终止采样以避免样品溢出。

4.14 水质自动采样器宜具备自动排空功能。

5 检测

5.1 检测条件

5.1.1 环境温度应在 5～35℃之间，检测期的温度变化在±5℃以内。

5.1.2 检测期的相对湿度应在 90%以下。

5.1.3 大气压应在 86～106 kPa 之间，检测期的变化幅度在±5%以内。

5.1.4 在线式水质自动采样器电压：交流 220 V±22 V；便携式水质自动采样器电压：直流 12 V。

5.1.5 在线式水质自动采样器电源频率：50 Hz±0.5 Hz。

5.1.6 仪器预热时间应符合水质自动采样器操作说明书的要求。

5.2 检测准备及校正

5.2.1 接通电源后，按水质自动采样器操作说明书规定的时间预热，以使各部分功能及显示记录单元稳定。

5.2.2 按水质自动采样器操作说明书的校正方法，校正采样器。

5.3 性能检测方法

5.3.1 采样量误差

在 5.1 的检测条件下，水质自动采样器采样量设置为 200 ml，执行自动采样，采样结束后，取出采样瓶，量取实际采样量，计算量取值与设置值的相对误差。

$$\Delta X=(X-200)/200\times100\%$$

式中：ΔX——采样量误差；

X——实际量取的采样量，ml。

5.3.2 等比例采样量误差

在 5.1 的检测条件下，安装调试好流量计，并将水质自动采样器按照操作说明书连接好；每排放 20 m^3 废水采样 200 ml；调节流量使排放速率在 20 m^3/h 左右，启动水质自动采样器；等待排放流量累计至 200 m^3、且水质自动采样器完成该次采样时，量取水质自动采样器采样量总和 C，并按下式计算误差：

$$\Delta C=(C-2\,000)/2\,000\times100\%$$

式中：ΔC——等比例采样误差；

C——采样量总和，ml。

5.3.3 系统时钟时间控制误差

选取具有12个采样瓶的水质自动采样器，设置采样间隔时间为1 h，按实时时钟校准水质自动采样器的时钟；设置水质自动采样器为周期采样模式，启动水质自动采样器，记录水质自动采样器启动实时时钟时间为T_{s0}，记录第1次至第12次采样开始时的实时时钟时间T_{s1}，T_{s2}，…，T_{s12}，单位为s；当实时时钟运行12 h，即实时时钟时间$T_{st}-T_{s0}$=12 h，记录水质自动采样器显示的时间T_{ct}。将记录值代入下式，并计算：

$$\Delta1=\text{Max}(|(T_{s2}-T_{s1})|,\ |(T_{s3}-T_{s2})|,\ \cdots,\ |(T_{s12}-T_{s11})|)/3\,600\times100\%$$

$$\Delta12=|(T_{ct}-T_{st})|$$

5.3.4 机箱内温度控制误差

将温度计放入恒温室中，启动水质自动采样器的温度控制装置，设置温度为4℃（或20℃）。运行1 h温度稳定后，每隔10 min测量其温度一次，共测量6次，依次记录读数T_1，T_2，…，T_6，分别计算读数相对于4℃（或20℃）的偏差值，取绝对值最大的偏差值作为ΔT，ΔT即为机箱内温度控制误差。

5.3.5 最大采样垂直高度

将水质自动采样器放在适当位置，使采样管从机箱接口到采样点的垂直高度≥5 m，启动水质自动采样器后能正常完成水样采集。

5.3.6 最大水平采样距离

将水质自动采样器放在适当位置，使采样管从机箱接口到采样点的水平距离≥50 m，启动水质自动采样器后能正常完成水样采集。

5.3.7 管路系统气密性

在水质自动采样器进水口外接一个量程为（−0.1～0）MPa的负压表，启动水质自动采样器，在正常工作状态下，堵塞进水口，读取压力表读数。

5.3.8 平均无故障连续运行时间（MTBF）

设置为周期采样模式，每小时采集一个水样，连续运行2个月，记录总运行时间（h）和故障次数（次），计算平均无故障连续运行时间（MTBF）。

5.3.9 绝缘阻抗

在正常环境下，在关闭水质自动采样器电路状态时，采用计量检定合格的阻抗计测量（直流500 V绝缘阻抗计）电源相与机壳（接地端）之间的绝缘阻抗。

6 标志

在仪器上，必须在醒目处端正地标示以下有关事项，并符合国家的有关规定。

6.1 名称及型号。

6.2 使用温度范围。

6.3 电源类别及容量。

6.4 制造商名称。

6.5 生产日期和出厂编号。

6.6 信号输出种类（必要时）。

7 操作说明书

操作说明书中，至少必须说明以下有关事项。

7.1 安装场所的选择。

7.2 安装方法。

7.3 配管及配线。

7.4 预热时间。

7.5 使用方法。

7.5.1 水质自动采样器的操作方法。

7.5.2 水质自动采样器停止时的处置。

7.6 维护检查。

7.6.1 日常检查方法。

7.6.2 定期检查方法。

7.6.3 系统的清洗。

7.6.4 发生故障时的对策。

7.7 其他使用中应注意的事项。

8 校验

8.1 日常检验

每 3 个月至少进行一次现场检验，可自动校准或手工校准。

8.2 监督校验

安装的水质自动采样器须定期进行校验，并将定期校验结果报送相应的环境保护行政主管部门。

附加说明：

本标准由国家环境保护总局科技标准司提出。

本标准主要起草单位：中国环境监测总站。

本标准由国家环境保护总局解释。

中华人民共和国环境保护行业标准

HJ/T 377—2007
代替 HBC 6—2001

环境保护产品技术要求
化学需氧量（COD_{Cr}）水质在线自动监测仪

Technical requirement for environmental protection product water quality on-line automatic monitor of Chemical Oxygen Demand（COD_{Cr}）

2007-12-03 发布　　2008-03-01 实施

1 适用范围

本标准规定了地表水以及企事业单位排放污水中的化学需氧量（COD_{Cr}）在线自动分析仪器的技术性能要求和性能试验方法。

本标准适用于地表水和污水中 COD_{Cr} 在线自动分析仪器（以下简称自动分析仪）的生产、应用选型和性能检验。

2 规范性引用文件

本标准内容引用了下列文件中的条款。凡是不注日期的引用文件，其有效版本适用于本标准。

GB/T 11914　水质　化学需氧量的测定　重铬酸盐法

GB/T 13306　标牌

GB 9969.1　工业产品使用说明书 总则

3 术语和定义

3.1 试样

指导入自动分析仪的河流、湖泊等地表水以及企事业单位排放的污水。

3.2 校正液

指为了获得与试样 COD_{Cr} 浓度相同的指示值所配制的试验用溶液，分为零点校正液、量程校正液等几类。

3.3 零点漂移

指采用本标准中规定的零点校正液为试样连续测试，自动分析仪的指示值在一定时间内变化的大小。

3.4 量程漂移

指采用本标准中规定的量程校正液为试样连续测试，相对于自动分析仪的测定量程，仪器指示值在一定时间内变化的大小。

3.5 邻苯二甲酸氢钾试验溶液

指邻苯二甲酸氢钾溶于水后配制成的试验溶液。

3.6 平均无故障连续运行时间

指自动分析仪在检验期间的总运行时间（h）与发生故障次数（次）的比值，以“MTBF”表示，单位为：h/次。

3.7 计量单元

指计量一定量的试样及试剂并送入反应器单元的部分。

3.8 反应器单元

指自动分析仪系统中进行氧化还原反应及滴定终点指示的单元。

4 仪器类型

试样中加入已知量的重铬酸钾溶液，在硫酸介质中，以银盐为催化剂，采用加热回流 2 h 或微波消解 15 min 等方式，将试样中的某些有机物和无机还原性物质氧化。根据终点指示方式的不同，仪器可划分为以下类型：

1）用硫酸亚铁铵滴定未被还原的重铬酸钾，用双铂电极电位法指示滴定终点。由消耗硫酸亚铁铵的量换算成消耗氧的质量浓度，得到试样的 COD_{Cr} 值。

2）用分光光度法测定未被还原的 Cr（Ⅵ）或氧化生成的 Cr（Ⅲ）含量，根据反应消耗重铬酸钾的量换算成消耗氧的质量浓度，得到试样的 COD_{Cr} 值。

3）用恒电流电解产生的 Fe（Ⅱ）还原剂滴定试样中未被还原的重铬酸钾，用双铂电极电位法指示滴定终点。根据电解 Fe（Ⅱ）消耗的电量，计算得到反应消耗重铬酸钾的量，换算成消耗氧的质量浓度后，得到试样的 COD_{Cr} 值。

4）其他适于在线自动测定化学需氧量（COD_{Cr}）的自动分析仪器。

5 工作电压与频率

自动分析仪的工作电压为单相 220 V±22V，频率为 50 Hz±0.5Hz。

6 性能要求

6.1 当按照本标准第 8 章进行试验时，自动分析仪的性能应满足表 1 的要求。

表 1 COD_{Cr} 在线自动分析仪的性能指标

项　目	性能要求	试验方法
重现性或精密度	±10%	8.4.1
零点漂移	±5 mg/L	8.4.2
量程漂移	±10%	8.4.3
邻苯二甲酸氢钾试验	±10%（测量误差）	8.4.4
实际废水样品比对实验	相对误差绝对值的平均值≤15%	8.4.5
平均无故障连续运行时间	≥360 h/次	8.4.6
电压稳定性	±10%（测量误差）	8.4.7
绝缘阻抗	20 MΩ 以上	8.4.8
耐电压	无异常现象（电弧和击穿等）	8.4.9

6.2 系统应具有设定、校对和显示时间的功能，包括年、月、日和时、分。

6.3 当系统意外断电且再度通电时，系统能自动排出断电前正在测定的试样和试剂、自动清洗各通道、自动复位到重新开始测定的状态。若系统在断电前处于加热消解状态，再次通电后系统能自动冷却，并自动复位到重新开始测定的状态。

6.4 当试样或试剂不能导入反应器时，或当系统反应温度超过设定范围或仪器发生漏液时，系统能通过蜂鸣器报警并显示故障内容。同时，停止运行直至系统被重新启动。

6.5 自动分析仪的量程应不低于 1 000 mg/L。

7 仪器构造

7.1 一般构造

应满足以下各项要求。

7.1.1 机箱外壳表面及装饰无裂纹、变形、划痕、污浊、毛刺等现象，表面涂层均匀，无腐蚀、生绣、脱落及磨损现象。产品组装坚固、零部件紧固无松动，按键、开关门锁等配合适度，控制灵活可靠。

7.1.2 在正常运行状态下，可平稳工作，无安全危险。

7.1.3 各部件不易产生机械、电路故障，构造无安全隐患。

7.1.4 具有不因水的浸湿、结露等而影响自动监测仪正常运行的性能。

7.1.5 加热器等发热结合部分，具有不因受热而发生变形及机能改变的性能。

7.1.6 便于维护、检查作业，无安全隐患。

7.1.7 显示器无污点、损伤。显示部分的字符笔画亮度均匀、清晰；无暗角、黑斑、彩虹、气泡、暗显示、隐划、不显示、闪烁等现象。

7.1.8 说明功能的文字、符号、标志应符合本标准第 9 章的规定。

7.2 构造

如图 1 所示，自动监测仪的构成应包括：计量单元、反应器单元、检测单元、试剂贮存单元（根据需要）以及显示记录、数据处理、信号传输等单元。

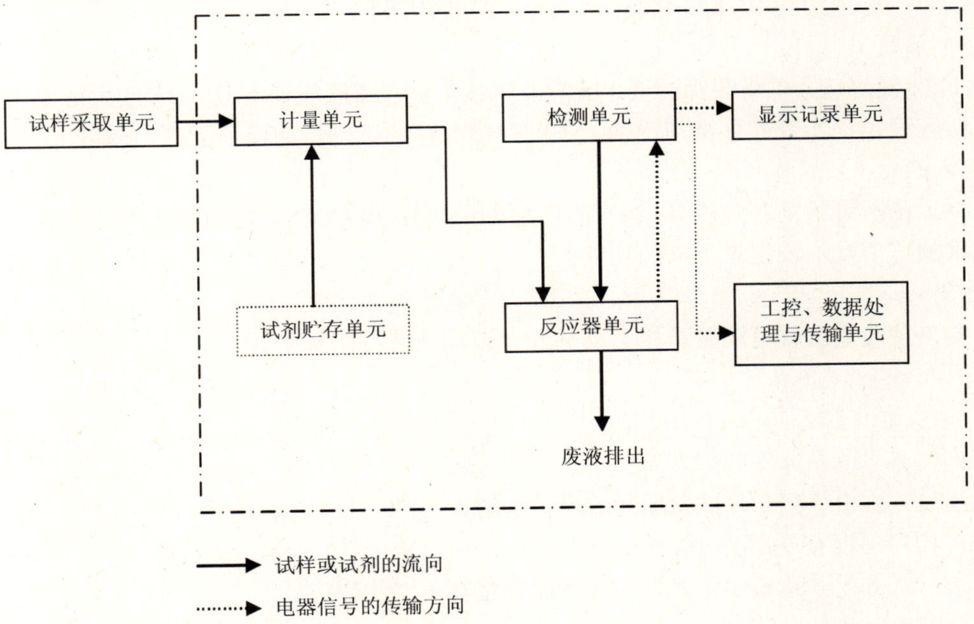

图 1 化学需氧量在线自动监测仪的典型构成

7.3 计量单元

由试样导入管、试剂导入管、试样计量器、试剂计量器等部分构成。

7.3.1 试样导入管由不被试样侵蚀的塑料、玻璃、橡胶等材料制成。为了准确地将试样导入计量器，试样导入管应备有泵或试样贮槽（罐）。

7.3.2 试剂导入管由玻璃或性能优良、耐试剂侵蚀的塑料、橡胶等材料制成。为了准确地将试剂导入计量器，试剂导入管应备有泵。

7.3.3 试样计量器由不被试样侵蚀的玻璃、塑料等材料制成。试样计量器应能准确计量试样加入量。

7.3.4 试剂计量器由玻璃或性能优良、耐试剂侵蚀的塑料等材料制成。试剂计量器应能准确计量试剂加入量。

7.4 反应器单元

由反应槽（或电解槽，如恒电流库仑滴定池等）、加热器、搅拌器等构成。

7.4.1 反应槽由耐热性、耐试剂侵蚀性良好的硬质玻璃等制成。其形状应保证搅拌均匀，电极便于安装，易于清洗操作。

7.4.2 加热器在环境温度为25℃情况下，应具有以下加热特性：

a）当试剂加入后10 min，能使反应槽内液体温度上升到85℃以上；

b）当试剂加入后15 min，能使反应槽内液体温度上升到95℃以上。

7.4.3 搅拌器具有耐热性及耐试剂侵蚀性，能在反应槽内进行有效搅拌。

7.5 检测单元

由滴定器、终点指示器（或光度计）及信号转换器构成。

7.5.1 滴定器由不受重铬酸钾溶液等氧化剂侵蚀的材质构成，具有稳定、定量加入（或定量电解产生）滴定剂或氧化剂的功能。

7.5.2 终点指示器（或光度计）在滴定时，应具有良好再现反应终点的性能。光度计应具有准确测定Cr（Ⅵ）或Cr（Ⅲ）的性能。

7.5.3 信号转换器具有将与测定值相对应的滴定所需的试剂量（或电解电量）转换成电信号输出的功能（4～20mA DC或RS 232/RS 485接口），其测定范围应可调。

7.6 试剂贮存单元

由硫酸-硫酸银溶液、重铬酸钾溶液、硫酸亚铁铵溶液（或硫酸铁溶液）、硫酸汞溶液等的贮存槽组成，所用材质应稳定，不受贮存试剂侵蚀。各贮存槽贮存的试剂量能保证运行一周以上。

7.7 显示记录单元

具有根据重铬酸钾等消耗量换算成O_2消耗量（mg/L），将COD测定值按比例转换成直流电压或电流输出，或将测定值显示或记录下来的功能。

7.8 附属装置

根据需要，自动监测仪可配置试样自动稀释、自动清洗等附属装置。

8 性能试验

8.1 试验条件

8.1.1 环境温度：在0～40℃，试验期间的温度变化在±5℃以内。

8.1.2 湿度：相对湿度在90%以下。

8.1.3 大气压：在86～106 kPa压力下，其变化幅度在±5%以内。

8.1.4 电压：220V±10%。

8.1.5 电源频率：50 Hz±1%。

8.1.6 仪器预热时间：按说明书规定的时间。

8.2 试剂

8.2.1 蒸馏水：按GB/T 11914方法获得不含还原性物质的蒸馏水（以下简称“水”）。

8.2.2 零点校正液：采用8.2.1的水。

8.2.3 量程校正液：溶解39.5 g六水合硫酸亚铁铵于水中，加入20 ml硫酸（ρ =1.84 g/ml，分析纯），待溶液冷却后，全量转入 1 000 ml 容量瓶中，加水至刻度标线。该溶液浓度约为 0.10 mol/L（量程校正液）。该量程校正液的 COD_{Cr} 值约为 800 mg/L。临用前，应用重铬酸钾标准溶液准确标定该溶液的浓度。可用浓度约 0.025 mol/L 的硫酸亚铁铵标准滴定溶液进行标定。浓度约 0.025 mol/L 的硫酸亚铁铵标准滴定溶液用约 0.10 mol/L 硫酸亚铁铵溶液稀释获得。

[标定]　取 10.00 ml 8.2.5 中配制的重铬酸钾标准溶液（0.250 mol/L）于 300 ml 锥形瓶中，用水稀释至约 100 ml，加入 30 ml 硫酸（ρ=1.84 g/ml，分析纯）。混匀，冷却后，加 3 滴（约 0.15 ml）试亚铁灵指示剂，用硫酸亚铁铵标准滴定溶液（浓度约 0.025 mol/L）进行滴定，溶液的颜色由黄色经蓝绿色变为红褐色即为终点。记录硫酸亚铁铵的消耗量（ml）。硫酸亚铁铵标准滴定溶液的浓度由公式（1）计算：

$$c=\frac{10.00\times0.250}{V}=\frac{2.50}{V} \tag{1}$$

式中：V——滴定消耗的硫酸亚铁铵溶液的体积，mL；

c——硫酸亚铁铵标准滴定溶液的浓度，mol/L。

上式计算结果的 4 倍即为量程校正液中硫酸亚铁铵的浓度，量程校正液表示的 COD_{Cr} 值按公式（2）进行校正计算：

$$c'=\frac{4c}{0.10}\times1\,000 \tag{2}$$

式中：c——公式（1）的计算结果，mol/L；

c'——量程校正液表示的 COD_{Cr} 值，mg/L。

8.2.4　邻苯二甲酸氢钾试验液：称取在 120℃下干燥 2 h 并冷却至恒重后的邻苯二甲酸氢钾 0.425 1 g，用水溶解后，全量转入 1 000 ml 容量瓶中，定容。该溶液的 COD_{Cr} 值为 500 mg/L。COD_{Cr} 值为 250 mg/L 和 100 mg/L 的试验液由该溶液经逐级稀释后获得。

8.2.5　硫酸-硫酸银溶液、硫酸铁溶液（200 g/L）、硫酸汞溶液（200 g/L）、重铬酸钾溶液（0.250 mol/L）和试亚铁灵指示剂，参照 GB/T 11914 或仪器制造商提供的方法配制。

8.3　试验准备及校正

8.3.1　仪器预热运行

接通电源后，按操作说明书规定的预热时间进行自动分析仪的预热运行，以使各部分功能及显示记录单元稳定。

8.3.2　校正

按仪器说明书的校正方法，用 8.2.2 和 8.2.3 校正液进行仪器零点校正和量程校正。

8.4　性能试验方法

8.4.1　重现性

在 8.1 的试验条件下，测定零点校正液 6 次，各次指示值的平均值作为零点平均值。求出 6 次零点测定值的相对标准偏差。在相同条件下，测定量程校正液 6 次，各次指示值的平均值作为量程值。求出 6 次量程测定值的相对标准偏差。

8.4.2　零点漂移

采用零点校正液，连续测定 24 h。利用该段时间内的初期零值（最初的 3 次测定值的平均值），计算最大变化幅度。

8.4.3　量程漂移

采用量程校正液，于零点漂移试验的前后分别测定 3 次，计算平均值。由减去零点漂移成分后的变化幅度，求出相对于量程值的百分率。

8.4.4　邻苯二甲酸氢钾试验

采用 100 mg/L 的邻苯二甲酸氢钾试验液，测定 3 次。计算平均值与 100 mg/L 的偏差，求出相对于

100 mg/L 的百分率。

8.4.5 实际废水样品比对实验

选择五种或五种以上实际废水样品，分别以自动监测仪与国标方法（GB/T 11914）对每种废水的高、中、低三种浓度水平进行比对实验，每种废水在高、中、低三种浓度水平下的比对实验次数应分别不少于 15 次，计算该种废水相对误差绝对值的平均值。比对实验过程中应保证自动监测仪与国标方法测试水样的一致性。

8.4.6 平均无故障连续运行时间

采用量程校正液，连续运行 2 个月，每隔 1 h 测定一次，记录总运行时间（h）和故障次数（次），计算平均无故障连续运行时间（MTBF）（h/次）。

8.4.7 相对于电压波动的稳定性

采用量程校正液，加上高于或低于规定电压 10%的电源电压时，读取指示值。分别进行 3 次测定，计算各测定值与平均值之差相对于量程值的百分率。

8.4.8 绝缘阻抗

在正常环境条件下，关闭自动分析仪电路状态时，采用国家规定的阻抗计测量（直流 500 V 绝缘阻抗计）电源相与机壳（接地端）之间的绝缘阻抗。

8.4.9 耐电压性

在正常环境条件和关闭自动分析仪电路状态下，电源相与机壳（接地端）之间，施加 50 Hz、1 500 V 的交流电压 1 min，检查有无异常现象。

9 标牌

自动分析仪的标牌应符合 GB/T 13306 的规定，永久性地固定在仪器的醒目位置上，至少标明以下内容：

1）名称及型号；

2）测定对象；

3）测定浓度范围；

4）使用温度范围；

5）电源类别及容量；

6）制造商名称；

7）生产日期与生产批号。

10 操作说明书

自动分析仪应随机携带符合 GB 9969.1 规定的操作说明书，至少应说明以下有关事项：

1）安装场所；

2）试样的前处理方法；

3）试样流量；

4）配管及配线；

5）预热时间；

6）使用方法；

7）测定的准备及校正；

8）校正液的配制方法；

9）测定操作；

10）测定停止时的处置；

11）排出废液的处理；
12）维护检查；
13）日常检查与定期检查导则；
14）流路系统的清洗；
15）发生故障时的对策。

11 日常校验周期与运行考核办法

11.1 校验项目和形式

校验项目为重现性、量程漂移和邻苯二甲酸氢钾试验，采用现场校验方式。校验可采用实际水样，也可采用标准样品进行。校验分日常校验和监督校验，校验结果按统一的表格要求填写并备案。

11.2 日常校验

零点校准、量程校准和标准样品校准每周至少进行一次。可自动校准或手工校准。

11.3 监督校验

每年应由认可的校验机构进行监督校验，校验用标准样品进行。

附加说明：

本标准由国家环境保护总局科技标准司提出。
本标准起草单位：中国环境监测总站。
本标准由国家环境保护总局解释。

中华人民共和国国家环境保护标准

六价铬水质自动在线监测仪技术要求

HJ 609—2011

The technical requirement for water quality automatic on-line monitor of chromium（Ⅵ）

2011-02-11 发布 2011-06-01 实施

1 适用范围

本标准规定了六价铬水质自动在线监测仪的性能指标及试验方法和技术要求。

本标准适用于对地表水、生活污水和工业废水中六价铬化合物离子自动在线监测仪的生产、应用选型和性能检验。

2 规范性引用文件

本标准内容引用了下列文件或其中的条款。凡是不注明日期的引用文件，其有效版本适用于本标准。

GB 7467 水质 六价铬的测定 二苯碳酰二肼分光光度法

GB/T 13306 标牌

HJ 168 环境监测分析方法标准制修订技术导则

HJ/T 212 污染源在线自动监控（监测）系统数据传输标准

HJ 477 污染源在线自动监控（监测）数据采集传输仪技术要求

3 术语和定义

下列术语和定义适用于本标准。

3.1 零点漂移 zero drift

指采用本标准中规定的零点校正液作为试样连续测试，六价铬水质自动在线监测仪的指示值在一定时间内变化的大小相对于量程的百分率。

3.2 量程漂移 measuring range drift

指采用本标准中规定的量程校正液作为试样连续测试，六价铬水质自动在线监测仪的指示值在一定时间内变化的大小相对于量程的百分率。

3.3 平均无故障连续运行时间 mean time between failures

指六价铬水质自动在线监测仪在测试期间的总运行时间（小时）与发生故障次数（次）的比值，以“MTBF”表示，单位为：h/次。

4 方法原理和测定范围

4.1 方法原理

六价铬水质自动在线监测仪可采用分光光度法或其他分析方法。

其中分光光度法的原理：在酸性溶液中，六价铬化合物离子与二苯碳酰二肼（DPC）反应生成紫红色化合物，于波长 540 nm 处进行分光光度测定。上述步骤由在线监测仪自动控制完成从水样导入至浓度计算全过程，从而实现六价铬监测的自动化。

4.2 六价铬水质自动在线监测仪的构造

进样/计量单元：包括试样、试剂导入部分和试样、试剂计量部分。

分析单元：具有将测定值转换成电信号输出的功能，通过控制单元，完成对样品的自动在线分析。同时还应包括针对零点和量程的校准功能。

控制单元：包括系统控制硬件和软件，具有数据采集、处理、显示存储和数据输出等功能。

4.3 测定范围

本标准的测定范围为 0.04～5.00 mg/L。

5 性能指标及试验方法

5.1 性能指标

按本标准方法检测时，六价铬水质自动在线监测仪的性能指标应满足表 1 的要求。

表 1 六价铬水质自动在线监测仪的性能指标

项　目	性能指标	试验方法
精密度	≤5%	5.5.1
准确度	±5%以内	5.5.2
直线性	≤5%	5.5.3
零点漂移	量程的±5%以内	5.5.4
量程漂移	量程的±5%以内	5.5.5
检出限	0.01 mg/L	5.5.6
平均无故障运行时间	≥720 h/次	5.5.7
电压稳定性	±5%	5.5.8
实际水样比对试验	≤10%（质量浓度＞0.05 mg/L）	5.5.9
	≤15%（质量浓度≤0.05 mg/L）	
分析时间	≤30 min	

5.2 试验条件

5.2.1 环境温度　10～35℃，测试过程中温度变化幅度应在±5℃以内。

5.2.2 相对湿度　（65±20）%。

5.2.3 电源电压　交流电压（220±22）V。

5.2.4 电源频率　（50±0.5）Hz。

5.2.5 水样温度　0～60℃。

5.2.6 水样酸碱度　pH 6～9。

5.3 试剂

5.3.1 实验用水：不含铬的蒸馏水。

5.3.2 零点校正液：见 5.3.1。

5.3.3 六价铬标准贮备液：ρ=100.0 mg/L

称取 0.282 9 g±0.000 1 g 经 110℃干燥 2 h 的重铬酸钾基准试剂（$K_2Cr_2O_7$）溶于适量水中，溶解后移至 1 000 ml 容量瓶中，加水定容至标线，混匀；或直接购买六价铬有证标准物质。

5.3.4 量程校正液：用六价铬标准贮备液（5.3.3）稀释到满量程值的所需浓度。

5.3.5 量程中间溶液：将量程校正液（5.3.4）用水按 1∶1 进行稀释。

5.3.6 其余试剂：按照六价铬水质自动在线监测仪说明书要求配制。

5.4 试验准备及校正

5.4.1 连接电源，按照六价铬水质自动在线监测仪说明书规定的预热时间运行，以使各部分功能及显示记录单元稳定。

5.4.2 按照六价铬水质自动在线监测仪说明书的校正方法，用零点校正液（5.3.2）和量程校正液（5.3.4）交替进行六价铬水质自动在线监测仪零点校正和量程校正的操作。

5.5 试验方法

5.5.1 精密度

按照试验条件（5.2），重复 6 次测定零点校正液（5.3.2），各次指示值作为零值。在相同条件下，测定量程值的 20%和 80%两个不同浓度的量程校正液（5.3.4），重复测定 6 次，以各次测量值（扣除零值后）计算相对标准偏差。

5.5.2 准确度

按照试验条件（5.2），测定量程值的 20%和 80%两个不同浓度的量程校正液（5.3.4），各测定 6 次，分别计算相对误差。以低量程值的 6 次测定最大值作为准确度。

5.5.3 直线性

六价铬水质自动在线监测仪经零点校正和量程校正后，导入量程中间溶液（5.3.5），读取稳定后的指示值。计算该指示值与量程中间溶液浓度之差相对于量程值的百分率。

5.5.4 零点漂移

采用零点校正液（5.3.2），连续测定 24 h。利用该时间内的初期零值（最初的 3 次测定值的平均值），计算最大变化幅度相对于量程值的百分率。

5.5.5 量程漂移

采用量程校正液（5.3.4），于零点漂移试验前、后分别测定 3 次，分别计算平均值。用零点漂移试验前测量平均值减去零点漂移试验后测量平均值相对于量程值的百分率。

5.5.6 检出限

按照 HJ 168 要求，在确定相同的分析条件下重复 n（$n \geq 7$）次空白试验（或空白加标试验），计算 n 次平行测定的标准偏差 S。

检出限的计算方法见式（1）。

$$\mathrm{MDL} = t_{(n-1,0.99)} \times S \tag{1}$$

式中：MDL——检出限；

S——空白样品多次测量值的标准偏差；

t——自由度为 $n-1$，置信度为 99%时的 t 分布；

n——样品的平行测定次数。

5.5.7 平均无故障运行时间

采用实际水样连续运行 2 个月，记录总运行时间（h）和故障次数（次），计算平均无故障连续运行时间（h/次）。

5.5.8 电压稳定性

采用量程校正液（5.3.4），在指示值稳定后，加上高于或低于规定电压 10%的电源电压时，读取指示值。分别进行 3 次测定，计算各测定值与平均值之差相对于量程值的百分率，取 3 次计算值的最大值为电压稳定性。

5.5.9 实际水样比对试验

选择≥0.05 mg/L（低质量浓度）、1～2 mg/L（中质量浓度）和等于最大量程（高质量浓度）的水样，分别用六价铬水质自动在线监测仪和 GB 7467 进行测定。对每种浓度水平的水样均应进行比对试验，每种水样用六价铬水质自动在线监测仪测定次数应不少于 10 次，用 GB 7467 测定次数应不少于 3 次。计算水样相对误差绝对值的平均值（$\overline{A}$）。比对试验结果符合表 1 的要求。

水样相对误差绝对值的平均值（$\overline{A}$）计算方法见式（2）。

$$\overline{A}=\frac{\sum\left|X_n-\overline{B}\right|}{n\overline{B}}\times 100\% \qquad (2)$$

式中：$\overline{A}$——水样相对误差绝对值的平均值；

X_n——六价铬水质自动在线监测仪测定水样第 n 次的测量值；

$\overline{B}$——用 GB 7467 测定水样的平均值；

n——比对试验次数。

6 技术要求

6.1 基本要求

6.1.1 六价铬水质自动在线监测仪在醒目处应标识产品铭牌，铭牌标识应符合 GB/T 13306 的要求。

6.1.2 显示器无污点、损伤。显示部分的字符均匀、清晰，屏幕无暗角、黑斑、彩虹、气泡、闪烁等现象，能用显示屏提示进行全程序操作，说明功能的文字、符号和标志端正。

6.1.3 机箱外壳表面无裂纹、变形、污浊、毛刺等现象，表面涂层均匀，无腐蚀、生锈、脱落及磨损现象。产品组装坚固、零部件无松动。按键、开关、门锁等控制灵活可靠。

6.2 性能要求

6.2.1 进样/计量单元

6.2.1.1 应由防腐蚀的材料构成，不会因试剂或实际废水的腐蚀而影响测定结果。

6.2.1.2 计量部分应保证试剂和实际废水样品进样的准确性，并在操作说明书中明确该仪器管路内部所能通过的悬浮物的最大粒径。

6.2.1.3 具备内部管路自清洗功能，防止不同样品之间的交叉污染。

6.2.2 分析单元

6.2.2.1 应由防腐蚀的材料构造，结构应易于清洗。

6.2.2.2 测定值输出信号应稳定。在本标准规定的测定范围内，性能指标符合表 1 的要求。

6.2.2.3 具有自动进行零点和量程校准功能，能设置自动校准周期，以保证测量数据的准确性。

6.2.3 控制单元

6.2.3.1 应具有故障信息反馈功能（超量程报警、试剂余量不足报警、计量部件故障报警等）。

6.2.3.2 应具有模拟量和数字量输出接口，通过数字量接口可接收远程控制指令。

6.2.3.3 数据处理系统应存储至少 12 个月的原始数据，可以设置条件查询和显示历史数据。

6.3 安全要求

6.3.1 电源引入线与机壳之间的绝缘电阻应不小于 20 MΩ。

6.3.2 应设有漏电保护装置，防止人身触电，还应设有过载保护装置，防止仪器意外烧毁。

7 操作说明书

六价铬水质自动在线监测仪的操作说明书应至少包括以下内容：现场安装条件及方法、自动在线监测仪操作方法、试剂使用方法、常见故障处理、废液处置方法。

附加说明：

本标准由环境保护部科技标准司组织制订。

本标准主要起草单位：中国皮革和制鞋工业研究院、北京工商大学、宇星科技发展（深圳）有限公司、杭州聚光环保科技有限公司、湖南力合科技发展有限公司、广州市怡文环境科技股份有限公司和美国哈希公司。

本标准由环境保护部解释。

中华人民共和国国家环境保护标准

污染源在线自动监控（监测）数据采集传输仪技术要求

HJ 477—2009

The technical requirement for data acquisition and transmission equipment of pollution emission auto monitoring system

2009-07-02 发布　　　　2009-10-01 实施

1　适用范围

本标准规定了污染源在线自动监控（监测）系统中数据采集传输仪（以下简称数据采集传输仪）的技术性能要求和性能检测方法。

本标准适用于数据采集传输仪的选型使用和性能检测；对于污染源在线自动监控（监测）系统中具有数据采集传输功能的现场监测仪表，只规定其用于数据采集传输功能部分的性能指标和校验方法。

2　规范性引用文件

本标准内容引用了下列文件中的条款。凡是不注日期的引用文件，其有效版本适用于本标准。

GB/T 6587.2　电子测量仪器温度试验

GB/T 6587.3　电子测量仪器湿度试验

GB/T 6587.4　电子测量仪器振动试验

GB/T 17626.2　电磁兼容　试验和测量技术　静电放电抗扰度试验

GB/T 17626.4　电磁兼容　试验和测量技术　电快速瞬变脉冲群抗扰度试验

GB/T 17626.5　电磁兼容　试验和测量技术　浪涌（冲击）抗扰度试验

HJ/T 212　污染源在线自动监控（监测）系统数据传输标准

3　术语和定义

下列术语和定义适用于本标准。

3.1　污染源自动监控（监测）系统

由对污染源主要污染物排放实施监控的数据收集子系统和信息综合子系统组成的系统。

3.2　数据采集传输仪

指用于采集、存储各种类型监测仪表的数据，并具有向上位机传输数据功能的单片机系统、工控机、嵌入式计算机或可编程控制器等。

3.3　上位机

指安装在各级环保部门，有权对数据采集传输仪发送规定的指令、接收数据采集传输仪的数据和对数据进行处理的系统，包括计算机信息终端设备、监控中心系统等。

3.4 监测仪表

指安装于监测站点的在线自动监测仪表，如流量计、COD 监测仪、烟气监测仪等。

3.5 数字通道

指数据采集传输仪的数字输入、输出通道，用于接收监测仪表的数据、状态和向监测仪表发送控制指令，实现数据采集传输仪与监测仪表的双向数据传输。

3.6 模拟通道

指数据采集传输仪的模拟输入通道，用于采集监测仪表等的模拟输出信号。

3.7 开关量通道

指数据采集传输仪的开关量输入通道，用于采集污染治理设施等的运行状态。

3.8 小时数据

指数据采集传输仪以 1 小时为单位采集并存储的数据，包括 1 小时内的平均值、最大值、最小值等。

4 技术要求

4.1 数据采集传输仪工作原理

数据采集传输仪通过数字通道、模拟通道、开关量通道采集监测仪表的监测数据、状态等信息，然后通过传输网络将数据、状态传输至上位机；上位机通过传输网络发送控制命令，数据采集传输仪根据命令控制监测仪表工作。

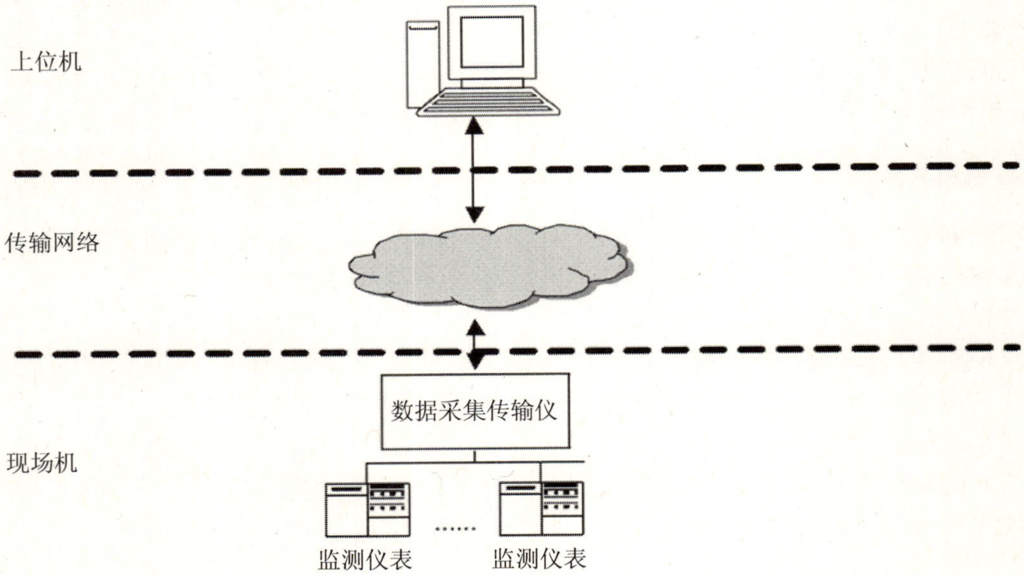

4.2 性能指标要求

数据采集传输仪性能指标应符合表 1 的要求。

表 1 数据采集传输仪性能指标

项 目	性能要求	检测方法
通讯协议	符合 HJ/T 212 要求	5.3.1
数据采集误差	≤1‰	5.3.2
系统时钟计时误差	±0.5‰	5.3.3
存储容量	至少存储 14 400 条记录	5.3.4
控制功能	能通过上位机控制监测仪表进行即时采样和设置采样时间	5.3.5
平均无故障连续运行时间（MTBF）	1 440 h 以上	5.3.6
绝缘阻抗	20 MΩ 以上	5.3.7

4.3 仪器外观要求

数据采集传输仪表面不应有明显划痕、裂缝、变形和污染，仪器表面涂镀层应均匀，不应起泡、龟裂、脱落和磨损。

4.4 通讯方式要求

数据采集传输仪应至少具备下列通讯方式之一：

4.4.1 无线传输方式，通过 GPRS、CDMA 等无线方式与上位机通讯，数据采集传输仪应能通过串行口与任何标准透明传输的无线模块连接。

4.4.2 以太网方式，直接通过局域网或 internet 与上位机通讯。

4.4.3 有线方式，通过电话线、ISDN 或 ASDL 方式与上位机通讯。

4.5 构造要求

数据采集传输仪从功能上可分为数据采集单元、数据存储单元、数据传输单元、电源单元、接线单元、显示单元和壳体组成。

4.5.1 数据采集单元应满足如下要求：

（1）应至少具备 5 个 RS 232(或 RS 485)数字输入通道，用于连接监测仪表，实现数据、命令双向传输。

（2）应至少具备 8 个模拟量输入通道，应支持 4～20 mA 电流输入或 1～5 V 电压输入，应至少达到 12 位分辨率。

（3）应至少具备 4 个开关量输入通道，用于接入污染治理设施工作状态。开关量电压输入范围为 0～5 V。

4.5.2 数据存储单元

用于存储所采集到的监测仪表的实时数据和历史数据，存储容量应符合表 1 的要求，存储单元应具备断电保护功能，断电后所存储数据应不丢失。

4.5.3 数据传输单元

数据传输单元应采用可靠的数据传输设备，保证连续、快速、可靠地进行数据传输；与上位机的通讯协议应符合 HJ/T 212 要求，通讯方式应符合 4.4 的要求。

4.5.4 电源单元

负责将 220 V 交流电转换为直流电，为控制主板提供电源，要求具备防浪涌、防雷击功能，要求在输入电压变化±15%条件下保持输出不变。

4.5.5 接线单元

用于实现监测仪表与数据采集传输仪的连接，要求采用工业级接口，接线牢靠、方便，便于拆卸，接线头应被相对密封，防止接线头腐蚀、生锈和接触不良。

4.5.6 显示单元

数据采集传输仪应自带显示屏，应能显示所连接监测仪表的实时数据、小时均值、日均值和月均值，还应能够显示污染物的小时总量、日总量和月总量。

4.5.7 壳体

数据采集传输仪壳体应坚固，应采用塑料、不锈钢或经处理的烤漆钢板等防腐材料制造。壳体应密封，以防水、灰尘、腐蚀性气体进入壳体腐蚀控制电路。

4.6 环境适应能力

数据采集传输仪适应温度环境的能力应符合 GB/T 6587.2 的要求，适应湿度环境的能力应符合 GB/T 6587.3 的要求，抗振动性能应符合 GB/T 6587.4 的要求，抗电磁干扰能力应符合 GB/T 1762.2、GB/T 1762.4、GB/T 1762.5 的有关要求。

4.7　断电保护功能

仪器应自带备用电池或配装不间断电源（UPS），在外部供电切断情况下能保证数据采集传输仪连续工作 6 h，并且在外部电源断电时自动通知上位机或维护人员。数据采集传输仪必须能够在供电（特别是断电后重新供电）后可靠地自动启动运行，并且所存数据不丢失。

4.8　数据导出功能

数据采集传输仪应具有数据导出功能，可通过磁盘、U 盘、存储卡或专用软件导出数据。

4.9　看门狗复位功能

数据采集传输仪应具有看门狗复位功能，防止系统死机。

4.10　系统防病毒功能

数据采集传输仪如果采用工控机，应具有硬件/软件防病毒、防攻击机制。

4.11　数据保密功能

数据采集传输仪应具备保密功能，能设置密码，通过密码才能调取相关的数据资料。

5　检测

5.1　检测条件

5.1.1　检测环境

检测期间，环境温度为 5～40 ℃，相对湿度在 90%以下，大气压力为 86～106 kPa。

5.1.2　电源电压 220V±10%，频率 50 Hz±1%。

5.2　检测准备

5.2.1　将数据采集传输仪安装好，与监测仪表、传输模块连接好，数字输入通道、模拟输入通道、开关量输入通道至少各接一路。

5.2.2　按照数据采集传输仪说明书要求完成相关设置，并加电预热。

5.3　性能检测方法

5.3.1　通讯协议

在5.1的检测条件下，分别测试HJ/T 212中规定的初始化命令、参数命令、数据命令和控制命令，数据采集传输仪的响应应符合HJ/T 212的规定。

5.3.2　数据采集误差

在5.1的检测条件下，将监测仪表（可用标准电流源模拟）的模拟输出信号通过模拟通道接入到数据采集传输仪，然后通过上位机查看实时数据，在监测仪表的量程范围内改变数据，分别记录三次数据的监测仪表显示值VS_1、VS_2、VS_3和上位机显示值VT_1、VT_2、VT_3，按下式计算采集误差ΔV：

$$\Delta V=\max\left(|(VT_1-VS_1)|,\ |(VT_2-VS_2)|,\ |(VT_3-VS_3)|\right)/M\times 1\,000‰$$

式中：M——监测仪表的测量范围（量程）；

VT_1、VT_2、VT_3——上位机显示值；

VS_1、VS_2、VS_3——监测仪表显示值。

5.3.3　系统时钟计时误差

按照说明书根据标准时钟对数据采集传输仪进行对时，在5.1的检测条件下连续运行48 h，计算数据采集传输仪走过的时间T_h（s）和标准时钟走过的时间T_s（s），按下式计算计时误差Δt：

$$\Delta t=(T_h-T_s)/T_s\times 1\,000‰$$

5.3.4　存储容量

将数据采集传输仪连接好，按 1 min 间隔存储数据，记录污染物浓度、流量和总量 3 个参数，在

5.1 的检测条件下，不断电连续运行 80 h，在上位机提取分钟历史数据，应能完整显示 80 h 3 个参数的分钟数据（共 14 400 条记录）。

5.3.5　控制功能

将间歇采样的监测仪表通过数字通道与数据采集传输仪连接，在上位机发送即时采样控制指令，监测仪表应能正确响应；通过上位机设置监测仪表的采样时间，监测仪表应该能按照设定时间进行采样。

5.3.6　平均无故障连续运行时间（MTBF）

将数据采集传输仪连接好，以 1 小时为单位存储数据，在 5.1 的检测条件下，不断电连续运行 60 d，运行期间应无任何故障；从上位机提取历史数据，应能完整显示 60 d 的小时数据。

5.3.7　绝缘阻抗

在正常环境下，在关闭数据采集传输仪电路状态时，采用计量检定合格的阻抗计（直流 500 V 绝缘阻抗计）测量电源相与机壳（接地端）之间的绝缘阻抗。

6　标志

应在数据采集传输仪外壳的显著位置按国家有关规定标示以下事项：

6.1　数据采集传输仪的名称和型号。

6.2　使用环境温度范围。

6.3　电源类别和容量。

6.4　生产企业名称和地址。

6.5　生产日期和生产批号。

7　操作说明书

数据采集传输仪的操作说明书应至少说明以下事项：

7.1　安装场所的选择。

7.2　适用环境。

7.3　信号输入类型。

7.4　使用方法。

7.5　维护检查方法。

7.6　常见故障的解决方法。

7.7　其他使用上应注意的事项。

附加说明：

本标准由环境保护部科技标准司组织制订。

本标准主要起草单位：中国环境监测总站，北京市环境保护科学研究院。

本标准由环境保护部解释。

中华人民共和国环境保护行业标准

污染源在线自动监控（监测）系统数据传输标准

HJ/T 212—2005

Standard for data communication of pollution emission auto monitoring system

2005-12-30 发布　　2006-02-01 实施

1 适用范围

本标准适用于污染源在线自动监控（监测）系统自动监控设备和监控中心之间的数据交换传输。本标准规定了数据传输的过程及系统对参数命令、交互命令、数据命令和控制命令的数据格式和代码定义，本标准不限制系统扩展其他的信息内容，在扩展内容时不得与本标准中所使用或保留的控制命令相冲突。

根据通信技术的发展，本标准将适时修订。

2 规范性引用文件

以下标准和规范所含条文，在本标准中被引用即构成本标准的条文，与本标准同效。

GB/T 16706—1996　环境污染源类别代码

YD/T 1093—2000　900/1 800 MHz TDMA 数字蜂窝移动通信网通用分组无线业务（GPRS）隧道协议技术规范

YD/T 1323—2004　接入网技术要求——非对称数字用户环路（ADSL）

YD/T 1334—2004　800 MHz CDMA 数字蜂窝移动通信网无线智能网（WIN）阶段 2：智能外设（IP）设备技术要求

EIA RS—232C　数据终端设备与使用串行二进制数据进行交换的数据通信设备之间的接口

3 术语

3.1 污染源在线自动监控（监测）系统

由对污染源主要污染物排放实施在线自动监控（监测）的自动监控监测仪器设备和监控中心组成，本标准中简称系统。

3.2 监控中心

安装在各级环保部门，有权限通过传输线路与自动监控设备连接，对其发出查询和控制等本标准规定指令的数据接收和数据处理系统，包括计算机信息终端设备及计算机软件等。本标准中简称上位机。

3.3 自动监控设备

安装在污染源排放口现场，用于监控、监测污染源排污状况及完成与上位机的数据通讯传输的单台或多台设备及设施，包括污染物排放监控（监测）仪器、流量（速）计、污染治理设施运行记录仪和数据采集传输仪等，是污染防治设施的组成部分。本标准中简称现场机。

3.4 数据采集传输仪

采集各种类型监控仪器仪表的数据、完成数据存储及与上位机数据通讯传输功能的单片机、工控机、嵌入式计算机、嵌入式可编程自动控制器（PAC）或可编程控制器等。

4 系统结构

污染源自动监控系统从底层逐级向上可分为现场机、传输网络和上位机三个层次。上位机通过传输网络与现场机交换数据、发起和应答指令。

自动监控设备有两种构成方式：

（1）一台（套）现场机集自动监控（监测）、存储和通讯传输功能为一体，可直接通过传输网络与上位机相互作用。

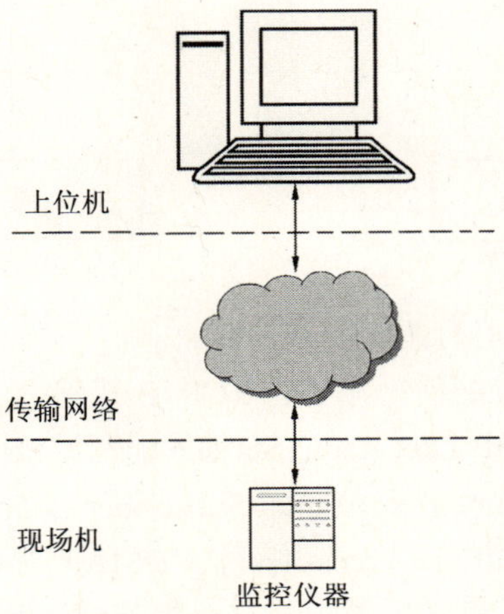

（2）现场有一套或多套监控仪器、仪表，监控仪器、仪表具有模拟或数字输出接口，连接到独立的数据采集传输仪，上位机通过数据采集传输仪实现数据交换和收发指令。

本标准不规定数据采集传输仪与监控仪器仪表的通讯方式，推荐采用 modbus（现场总线协议的一种，使用 RS-232C 兼容串行接口，它定义了连接口的针脚、电缆、信号位、传输波特率、奇偶校验等）标准。

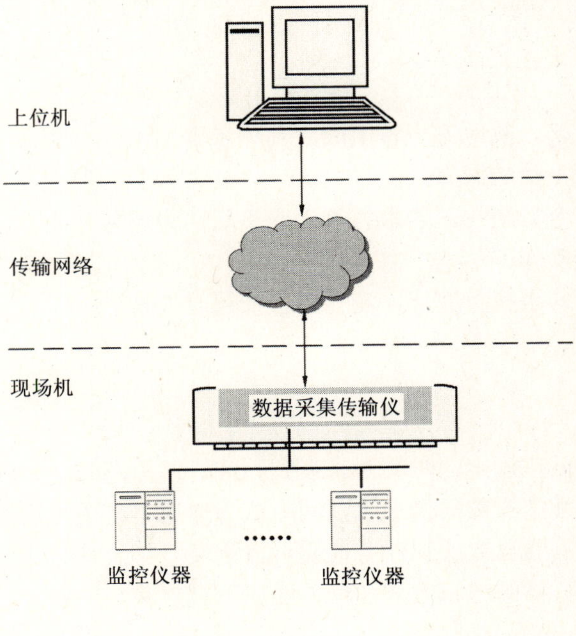

5 协议层次

现场机与上位机通讯接口应满足选定的传输网络的要求，本标准不作限制。

本标准规定的数据传输通讯协议对应于 ISO/OSI 定义的 7 层协议的应用层，在基于不同传输网络的现场机与上位机之间提供交互通讯。

协议结构如下图所示：

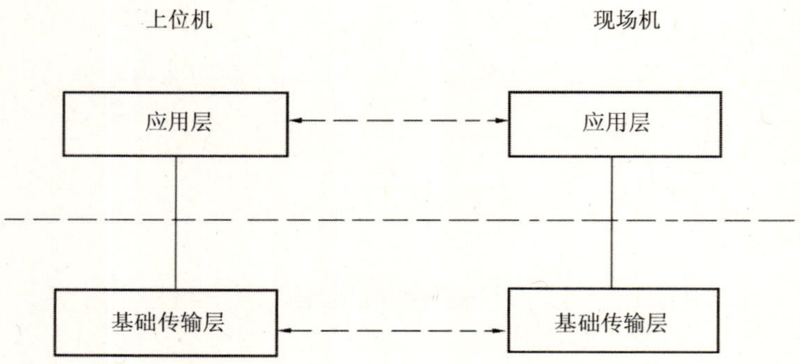

基础传输层依据不同的传输网络可有两类实现方式：

（1）基于 TCP/IP 协议的，此方式的使用建立在 TCP/IP 基础之上。常用如：

- 通用无线分组业务（General Packet Radio Service 缩写 GPRS）。
- 非对称数字用户环路（Asymmetrical Digital Subscriber Loop 缩写 ADSL）。
- 码分多址（Code Division Multiple Access 缩写 CDMA）等。

（2）基于非 TCP/IP 协议的，此类方式的使用建立在相关通讯链路上。常用如：

- 公共电话交换网（Public Switched Telephone Network 缩写 PSTN）。
- 短消息数据通讯等。

应用层依赖于所选用的传输网络，在选定的传输网络上进行应用层的数据通讯，在基础传输层已经建立的基础上，整个应用层的协议和具体的传输网络无关。本标准体现通讯介质无关性。

6 通讯协议

6.1 应答模式

完整的命令由请求方发起，响应方应答组成，具体步骤如下：

（1）请求方发送请求命令给响应方。

（2）响应方接到请求命令后应答，请求方收到应答后认为连接建立。

（3）响应方执行请求的操作。

（4）响应方通知请求方请求执行完毕，没有应答按超时处理。

（5）命令完成。

6.2 超时重发机制

6.2.1 请求回应的超时

- 一个请求命令发出后在规定的时间内未收到回应，认为超时。
- 超时后重发，重发规定次数后仍未收到回应认为通讯不可用，通讯结束。
- 超时时间根据具体的通讯方式和任务性质可自定义。
- 超时重发次数根据具体的通讯方式和任务性质可自定义。

6.2.2 执行超时

请求方在收到请求回应（或一个分包）后规定时间内未收到返回数据或命令执行结果，认为超时，命令执行失败，结束。

缺省超时定义表（可扩充）：

通讯类型	缺省超时定义/秒	重发次数
GPRS	10	3
PSTN	5	3
CDMA	10	3
ADSL	5	3
短信	30	3

6.3 通讯协议数据结构

所有的通讯包都是由 ACSII 码字符组成（CRC 校验码除外）。

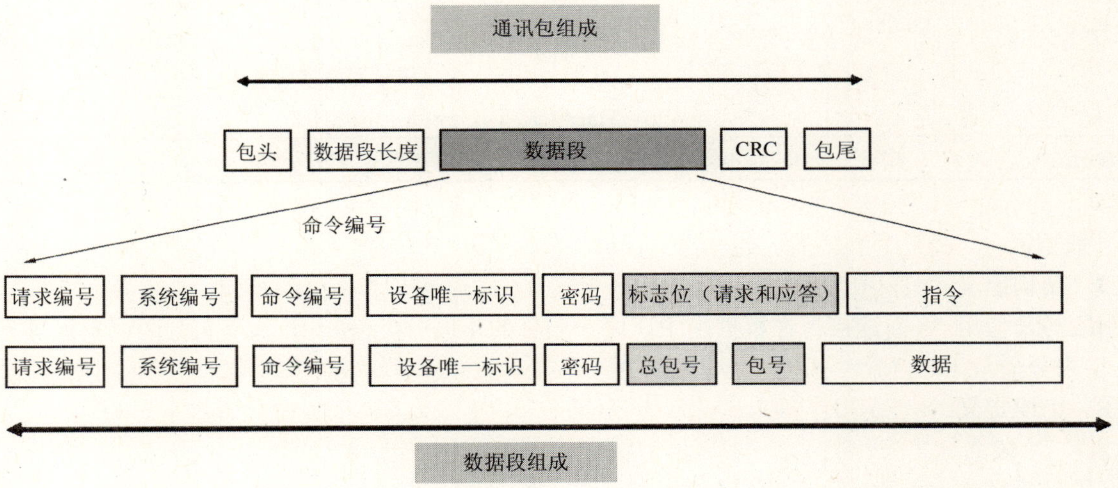

6.3.1 通讯包结构组成

名称	类型	长度	描述
包头	字符	2	固定为##
数据段长度	十进制整数	4	数据段的 ASCII 字符数 例如：长 255，则写为“0255”
数据段（见 6.3.3）	字符	$0 \leqslant n \leqslant 1\,024$	变长的数据（短信为 140）
CRC 校验	十六进制整数	4	数据段的校验结果，如 CRC 错，即执行超时
包尾	字符	2	固定为〈CR〉〈LF〉（回车、换行）

6.3.2 数据段结构组成

名称	类型	长度	描述
请求编号 QN	字符	20	精确到毫秒的时间戳：QN=YYYYMMDDHHMMSSZZZ，用来唯一标识一个命令请求，用于请求命令或通知命令
总包号 PNUM	字符	4	PNUM 指示本次通讯总共包含的包数
包号 PNO	字符	4	PNO 指示当前数据包的包号
系统编号 ST	字符	5	ST=系统编号，系统编号见 6.5 中系统编码表
命令编号 CN	字符	7	CN=命令编号，命令编号见 6.5 中命令列表
访问密码	字符	6	PW=访问密码
设备唯一标识 MN	字符	14	MN=监测点编号，这个编号下端设备需固化到相应存储器中，用作身份识别。编码规则：前 7 位是设备制造商组织机构代码的后 7 位，后 7 位是设备制造商自行确定的此类设备的唯一编码
是否拆分包及应答标志 Flag	整数（0-255）	3	目前只用两个 Bit： 0 0 0 0 0 0 D A A：数据是否应答；Bit：1——应答，0——不应答 D：是否有数据序号；Bit：1——数据包中包含包序号和总包号两部分，0——数据包中不包含包序号和总包号两部分 如：Flag=3 表示拆分包并且需要应答
指令参数 CP	字符	$0 \leqslant n \leqslant 960$	CP=&&数据区&&，数据区定义见 6.3.3

6.3.3 数据区

6.3.3.1 结构定义

字段与其值用“=”连接；在数据区中，同一项目的不同分类值间用“，”来分隔，不同项目之间用“；”来分隔。

6.3.3.2 字段定义

6.3.3.2.1 字段名

字段名要区分大小写，单词的首个字符为大写，其他部分为小写。

6.3.3.2.2 数据类型

C4：表示最多 4 位的字符型字串，不足 4 位按实际位数。

N5：表示最多 5 位的数字型字串，不足 5 位按实际位数。

N14.2：用可变长字符串形式表达的数字型，表示 14 位整数和 2 位小数，带小数点，带符号，最大长度为 18。

YYYY：日期年，如 2005 表示 2005 年。

MM：日期月，如 09 表示 9 月。

DD：日期日，如 23 表示 23 日。

HH：时间小时。

MM：时间分钟。

SS：时间秒。

ZZZ：时间毫秒。

6.3.3.2.3 字段对照表

其中：xxx：代表某个污染物编号，见附录 B。SB1：设备编号

字段名	描述	字符集	宽度	取值及描述
SystemTime	系统时间	0-9	N14	YYYYMMDDHHMMSS
QN	请求编号，见 6.3.2			
QnRtn	请求回应代码，见 6.5	0-9	N3	
ExeRtn	执行结果回应代码，见 6.5	0-9	N3	
RtdInterval	实时采样数据上报间隔	0-9	N4	以秒为单位
xxx-Rtd	污染物实时采样数据	0-9	N14.2	10.11，“xxx”是污染物代码
xxx-Min	污染物指定时间内最小值	0-9	N14.2	10.11
xxx-Avg	污染物指定时间内平均值	0-9	N14.2	10.11
xxx-Max	污染物指定时间内最大值	0-9	N14.2	10.11
xxx-ZsRtd	污染物实时采样折算数据	0-9	N14.2	10.11，“xxx”是污染物代码
xxx-ZsMin	污染物指定时间内最小折算值	0-9	N14.2	10.11
xxx-ZsAvg	污染物指定时间内平均折算值	0-9	N14.2	10.11
xxx-ZsMax	污染物指定时间内最大折算值	0-9	N14.2	10.11
xxx-Flag	监测污染物实时数据标记	A-Z	C1	对于污染源（P：电源故障；F：排放源停运；C：校验；M：维护；T：超测上限；D：故障；S：设定值；N：正常） 对于空气检测站（0：校准数据；1：气象参数；2：异常数据；3：正常数据）
xxx-Cou	污染物指定时间内累计值	0-9	N14.2	10.11
xxx-RS	设备运行状态的实时采样值	0-9	N1	0：设备关；1：设备开（可扩充）
xxx-RT	设备指定时间内的运行时间	0-9	N14.2	10.11 且 0=n<=24
xxx-Ala	污染物报警期间内采样值	0-9	N14.2	10.11
xxx-UpValue	污染物报警上限值	0-9	N14.2	10.11
xxx-LowValue	污染物报警下限值	0-9	N14.2	10.11
xxx-Data	噪声监测日历史数据	0-9	N14.2	10.11
xxx-DayData	噪声昼间历史数据	0-9	N14.2	10.11
xxx-NightData	噪声夜间历史数据	0-9	N14.2	10.11
AlarmTime	超标开始时间	0-9	N14	YYYYMMDDHHMMSS
AlarmType	报警事件类型	0-9	N1	1：超标；0：恢复正常
ReportTarget	上位机地址标识	0-9	N20	通讯地址标识
PolId	污染物的编号	0-9	C3	见附录 B
BeginTime	开始时间	0-9	N14	YYYYMMDDHHMMSS
EndTime	截止时间	0-9	N14	YYYYMMDDHHMMSS

续表

字段名	描述	字符集	宽度	取值及描述
DataTime	数据时间信息	0-9	N14	YYYYMMDDHHMMSS
ReportTime	数据上报时间信息	0-9	N4	0100
DayStdValue	噪声白天报警上限值	0-9	N14	
NightStdValue	噪声夜晚报警上限值	0-9	N14	
Flag	通讯标志	0-9	N3	目前只用两个 Bit： 0 | 0 | 0 | 0 | 0 | 0 | D | A A：数据是否应答；Bit：1——应答；0——不应答 D：是否有数据序号；Bit：1——数据包中包含包序号和总包号两部分，0——数据包中不包含包序号和总包号两部分
PNO	包序号	0-9	N4	取值范围为 0001-9999
PNUM	总包号	0-9	N4	取值范围为 0001-9999
PW	访问密码	0-9，a-z，A-Z	C6	
OverTime	超时时间（单位：秒）	0-9	N5	取值范围达到 24 小时
ReCount	重发次数	0-9	N2	取值范围为 0-99
WarnTime	超限报警时间（单位：秒）	0-9	N5	取值范围达到 24 小时
CTime	设备采样时间周期	0-9	N2	取值范围达到 24 小时

6.4 通讯流程

6.4.1 请求命令（四步或者三步）

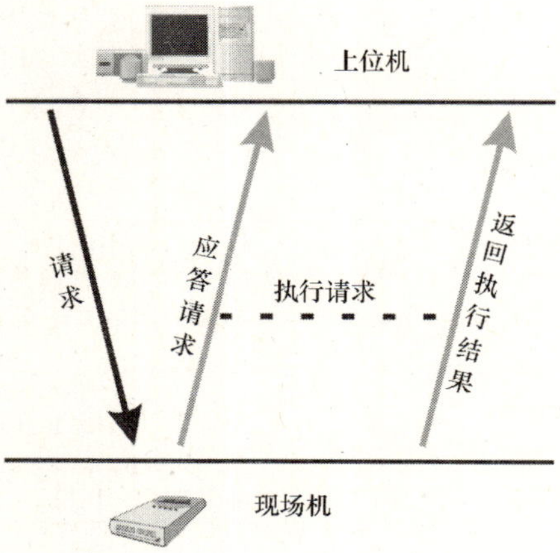

6.4.2 上传命令（一步）

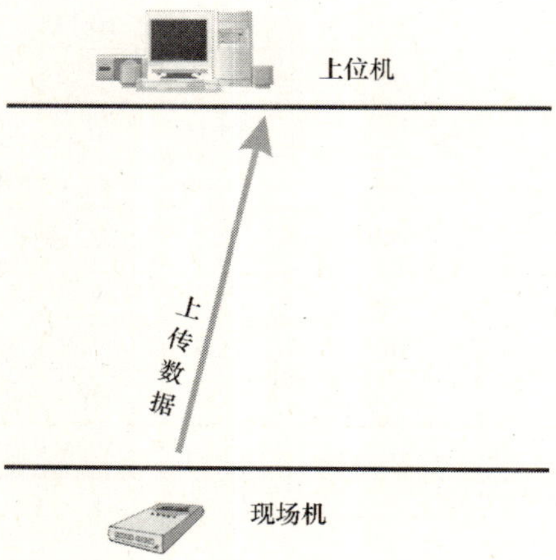

6.4.3 通知命令（两步）

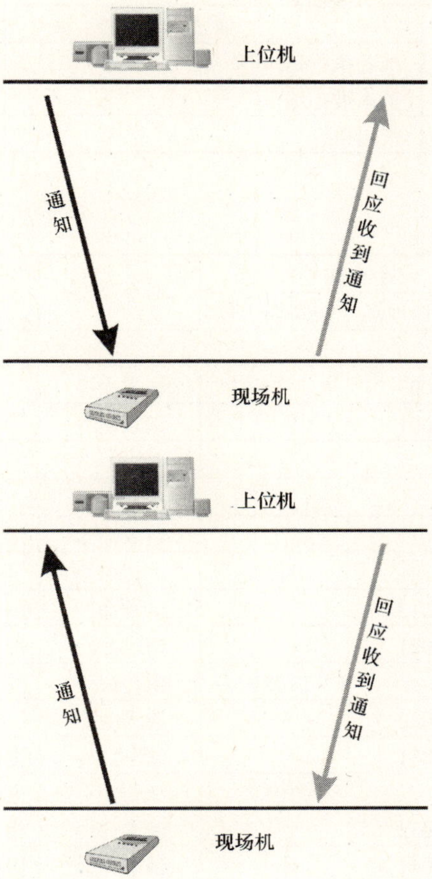

6.5 代码定义

系统编码表（可扩充）（GB/T 16706—1996）见《环境信息标准化手册》第一卷第236页。

系统名称	系统编号	描述
地表水监测	21	
空气质量监测	22	
区域环境噪声监测	23	
大气环境污染源	31	
地表水体环境污染源	32	
地下水体环境污染源	33	
海洋环境污染源	34	
土壤环境污染源	35	
声环境污染源	36	
振动环境污染源	37	
放射性环境污染源	38	
电磁环境污染源	41	
系统交互	91	用于现场机和上位机的交互

执行结果定义表（可扩充）

编号	描述	备注
1	执行成功	
2	执行失败，但不知道原因	
100	没有数据	

请求返回表（可扩充）

编号	描述	备注
1	准备执行请求	
2	请求被拒绝	
3	密码错误	

命令列表（可扩充）

命令名称	命令编号		命令类型	描述
	上位向现场	现场向上位		
初始化命令				
设置超时时间与重发次数	1000		请求命令	
设置超限报警时间	1001		请求命令	
预留初始化命令				预留命令范围 1002～1010
参数命令				
提取现场机时间	1011		请求命令	用于同步上位机和现场机的系统时间
上传现场机时间		1011	上传命令	
设置现场机时间	1012		请求命令	用于同步上位机和现场机的系统时间
提取污染物报警门限值	1021		请求命令	用于污染物超标报警
上传污染物报警门限值		1021	上传命令	
设置污染物报警门限值	1022		请求命令	
提取上位机地址	1031		请求命令	提取上位机地址
上传上位机地址		1031	上传命令	上传上位机地址
设置上位机地址	1032		请求命令	指定上位机地址
提取数据上报时间	1041		请求命令	提取数据上报时间
上传数据上报时间		1041	上传命令	上传数据上报时间
设置数据上报时间	1042		请求命令	指定数据上报时间
提取实时数据间隔	1061		请求命令	提取实时数据间隔
上传实时数据间隔		1061	上传命令	上传实时数据间隔
设置实时数据间隔	1062		请求命令	指定实时数据间隔
设置访问密码	1072		请求命令	
交互命令				
请求应答		9011		用于现场机回应上位机的请求。例如是否执行请求
操作执行结果		9012		用于现场机回应上位机的请求的执行结果
通知应答	9013	9013		回应通知命令
数据应答	9014	9014		数据应答命令
数据命令				
实时数据				
取污染物实时数据	2011		请求命令	
上传污染物实时数据		2011	上传命令	
停止察看实时数据	2012		通知命令	告诉现场机停止发送实时数据
设备状态				
取设备运行状态数据	2021		请求命令	
上传设备运行状态数据		2021	上传命令	
停止察看设备运行状态	2022		通知命令	告诉现场机停止发送设备运行状态数据

续表

命令名称	命令编号		命令类型	描述
	上位向现场	现场向上位		
历史数据				
取污染物日历史数据	2031		请求命令	
上传污染物日历史数据		2031	上传命令	
取设备运行时间日历史数据	2041		请求命令	
上传设备运行时间日历史数据		2041	上传命令	
分钟数据（10 分钟数据）				
取污染物分钟数据	2051		请求命令	
上传污染物分钟数据		2051	上传命令	
小时数据				
取污染物小时数据	2061		请求命令	
上传污染物小时数据		2061	上传命令	
报警数据				
取污染物报警记录	2071		请求命令	
上传污染物报警记录		2071	上传命令	
上传报警事件		2072	通知命令	用于现场机采样值超过报警门限时向上位机报警
控制命令				
校零校满	3011		请求命令	
即时采样命令	3012		请求命令	
设备操作命令	3013		请求命令	
设置设备采样时间周期	3014		请求命令	
预留控制命令				预留命令范围 3015-3099

附 录 A
（规范性附录）
循环冗余校验（CRC）算法

CRC 校验（Cyclic Redundancy Check）是一种数据传输错误检查方法，CRC 码两个字节，包含一16 位的二进制值。它由传输设备计算后加入到数据包中。接收设备重新计算收到消息的 CRC，并与接收到的 CRC 域中的值比较，如果两值不同，则有误。

具体算法如下：

CRC 是先调入一值是全“1”的 16 位寄存器，然后调用一过程将消息中连续的 8 位字节各当前寄存器中的值进行处理。仅每个字符中的 8 Bit 数据对 CRC 有效，起始位和停止位以及奇偶校验位均无效。

CRC 校验字节的生成步骤如下：

① 装一个 16 位寄存器，所有数位均为 1。

② 取被校验串的一个字节与 16 位寄存器的高位字节进行“异或”运算。运算结果放入这个 16 位寄存器。

③ 把这个 16 寄存器向右移一位。

④ 若向右（标记位）移出的数位是 1，则生成多项式 1010 0000 0000 0001 和这个寄存器进行“异或”运算；若向右移出的数位是 0，则返回③。

⑤ 重复③和④，直至移出 8 位。

⑥ 取被校验串的下一个字节。

⑦ 重复③～⑥，直至被校验串的所有字节均与 16 位寄存器进行“异或”运算，并移位 8 次。

⑧ 这个 16 位寄存器的内容即 2 字节 CRC 错误校验码。

校验码按照先高字节后低字节的顺序存放。

附 录 B
（资料性附录）
常用部分污染物相关参数编码表

（引自《环境信息标准化手册》第三卷）

编码	名称	应用范围	计量单位	数据类型
B03	噪声	噪声	dB	N3.1
L10	累计百分声级 L10	噪声	dB	N3.1
L5	累计百分声级 L5	噪声	dB	N3.1
L50	累计百分声级 L50	噪声	dB	N3.1
L90	累计百分声计 L90	噪声	dB	N3.1
L95	累计百分声级 L95	噪声	dB	N3.1
Ld	夜间等效声级 Ld	噪声	dB	N3.1
Ldn	昼夜等效声级 Ldn	噪声	dB	N3.1
Leq	30 秒等效声级 Leq	噪声	dB	N3.1
LMn	最小的瞬时声级	噪声	dB	N3.1
LMx	最大的瞬时声级	噪声	dB	N3.1
Ln	昼间等效声级 Ln	噪声	dB	N3.1
S01	O_2 含量	废气	%	N3.1
S02	烟气流速	废气	m^3/h	N5.2
S03	烟气温度	废气	℃	N3.1
S04	烟气动压	废气	MPa	N4.2
S05	烟气湿度	废气	%	N3.1
S06	制冷温度	废气	℃	N3.1
S07	烟道截面积	废气	m^2	N4.2
S08	烟气压力	废气	MPa	N4.2
B02	废气			
01	烟尘	废气	mg/m^3	N5.2
02	二氧化硫	废气	mg/m^3	N5.2
03	氮氧化物	废气	mg/m^3	N5.3
04	一氧化碳	废气	mg/m^3	N2.3
05	硫化氢	废气	mg/m^3	N3.2
06	氟化物	废气	mg/m^3	N2.3
07	氰化物（含氰化氢）	废气	mg/m^3	N3.3
08	氯化氢	废气	mg/m^3	N4.3
09	沥青烟	废气	mg/m^3	N4.3
10	氨	废气	mg/m^3	N4.3
11	氯气	废气	mg/m^3	N4.3
12	二硫化碳	废气	mg/m^3	N4.3
13	硫醇	废气	mg/m^3	N4.3
14	硫酸雾	废气	mg/m^3	N4.3
15	铬酸雾	废气	mg/m^3	N2.4

续表

编码	名称	应用范围	计量单位	数据类型
16	苯系物	废气	mg/m^3	N4.2
17	甲苯	废气	mg/m^3	N4.2
18	二甲苯	废气	mg/m^3	N4.2
19	甲醛	废气	mg/m^3	N3.3
20	苯并[*a*]芘	废气	mg/m^3	N3.6
21	苯胺类	废气	mg/m^3	N4.3
22	硝基苯类	废气	mg/m^3	N3.4
23	氯苯类	废气	mg/m^3	N4.3
24	光气	废气	mg/m^3	N3.3
25	碳氢化合物（含非甲烷总烃）	废气	mg/m^3	N5.2
26	乙醛	废气	mg/m^3	N3.4
27	酚类	废气	mg/m^3	N3.3
28	甲醇	废气	mg/m^3	N5.2
29	氯乙烯	废气	mg/m^3	N4.3
30	二氧化碳	废气	mg/m^3	N4.3
31	汞及其化合物	废气	mg/m^3	N4.4
32	铅及其化合物	废气	mg/m^3	N2.4
33	镉及其化合物	废气	mg/m^3	N3.4
34	锡及其化合物	废气	mg/m^3	N4.3
35	镍及其化合物	废气	mg/m^3	N3.3
36	铍及其化合物	废气	mg/m^3	N4.4
37	林格曼黑度	废气		N1
99	其他气污染物	废气		
B01	污水	污水		
001	pH 值	污水		N2.1
002	色度	污水	色度单位	N5.1
003	悬浮物	污水	mg/L	N5.1
010	生化需氧量（BOD_5）	污水	mg/L	N5.1
011	化学需氧量（COD_{Cr}）	污水	mg/L	N6.1
015	总有机碳	污水	mg/L	N3.2
020	总汞	污水	mg/L	N2.3
021	烷基汞	污水	mg/L	N2.1
022	总镉	污水	mg/L	N2.2
023	总铬	污水	mg/L	N3.2
024	六价铬	污水	mg/L	N2.2
025	三价铬	污水	mg/L	N3.2
026	总砷	污水	mg/L	N2.2
027	总铅	污水	mg/L	N3.2
028	总镍	污水	mg/L	N3.2
029	总铜	污水	mg/L	N3.2
030	总锌	污水	mg/L	N3.2
031	总锰	污水	mg/L	N3.2
032	总铁	污水	mg/L	N3.2
033	总银	污水	mg/L	N2.2
034	总铍	污水	mg/L	N2.3

续表

编码	名称	应用范围	计量单位	数据类型
035	总硒	污水	mg/L	N2.2
036	锡	污水	mg/L	N3.6
037	硼	污水	mg/L	N3.6
038	钼	污水	mg/L	N3.6
039	钡	污水	mg/L	N3.6
040	钴	污水	mg/L	N3.6
041	铊	污水	mg/L	N3.6
060	氨氮	污水	mg/L	N2.3
061	有机氮	污水	mg/L	N3.2
065	总氮	污水	mg/L	N3.2
080	石油类	污水	mg/L	N3.2
101	总磷	污水	mg/L	N3.2

其他计量单位说明：

名称	计量单位	数据类型
污水流量	L/s	N14.2
水污染物排放量	g	N14.6
污水排放量	t	N14.2
废气流速	m^3/s	N14.2
气污染物排放量	kg	N14.2
废气排放量	m^3	N14.2
设备运行时间	h	N4.2

附　录　C
（资料性附录）
各条指令通讯过程示例

以下的命令示例都是无需数据应答和拆分包的实例（其中6实例中，对拆分包和应答进行了具体描述）。对于上传数据QN，PNO，PNUM为可选项。

举例数据说明：以下例子QN是在2004年5月16日1点1分1秒1毫秒时建立连接，即20040516010101001，ST是32表示地表水污染源，设备唯一标识号是88888880000001，表示设备制造商组织机构代码的后7位是8888888，设备的序号是0000001，验证密码是123456。

1．设置现场机访问密码

类别	项目		示例/说明
使用命令	上位机	设置现场机访问密码	QN=20040516010101001；ST=32；CN=1072；PW=123456；MN=88888880000001；Flag=3；CP=&&PW=654321&&
	现场机	请求应答	ST=91；CN=9011；PW=123456；MN=88888880000001；Flag=0；CP=&&QN=20040516010101001；QnRtn=1&&
	现场机	返回操作执行结果	ST=91；CN=9012；PW=123456；MN=88888880000001；CP=&&QN=20040516010101001；ExeRtn=1&&
使用字段	QN		请求编号
	QnRtn		请求返回结果
	PW		上位机要设置的现场机访问密码
	ExeRtn		请求执行结果
执行过程	上位机发送设置现场机访问密码命令后等待现场机应答，上位机收到应答后通过判断应答代码中QnRtn值决定是否等待执行结果，现场机执行设置时钟请求，返回执行结束命令，请求执行完毕。命令执行正确后，以后将使用新的密码进行通讯，否则仍使用原来的密码		

2．提取现场机系统时间

类别	项目		示例/说明
使用命令	上位机	提取现场机时间	QN=20040516010101001；ST=32；CN=1011；PW=123456；MN=88888880000001；Flag=3；CP=&&&&
	现场机	请求应答	ST=91；CN=9011；PW=123456；MN=88888880000001；Flag=0；CP=&&QN=20040516010101001；QnRtn=1&&
	现场机	上传现场机时间	ST=32；CN=1011；PW=123456；MN=88888880000001；CP=&&QN=20040516010101001；SystemTime=20040516010102&&
	现场机	返回操作执行结果	ST=91；CN=9012；PW=123456；MN=88888880000001；CP=&&QN=20040516010101001；ExeRtn=1&&
使用字段	QN		请求编号
	QnRtn		请求返回结果
	SystemTime		现场机上传的系统时间
	ExeRtn		执行结果
执行过程说明	上位机发送提取现场机时间命令后等待现场机应答，收到应答后通过判断应答代码中QnRtn值决定是否等待接收现场机时间，现场机执行请求，返回执行结束命令，请求执行完毕。例子中返回现场机系统时间2004年5月16日1点1分2秒		

3．设置现场机系统时间

类别	项目		示例/说明
使用命令	上位机	设置现场机时间	QN=20040516010101001; ST=32; CN=1012; PW=123456; MN=88888880000001; Flag=3；CP=&&SystemTime=20040516010101&&
	现场机	请求应答	ST=91；CN=9011；PW=123456；MN=88888880000001；Flag=0；CP=&&QN=20040516010101001；QnRtn=1&&
	现场机	返回操作执行结果	ST=91；CN=9012；PW=123456；MN=88888880000001；CP=&&QN=20040516010101001；ExeRtn=1&&
使用字段	QN		请求编号
	QnRtn		请求返回结果
	SystemTime		上位机要设置的系统时间
	ExeRtn		请求执行结果
执行过程	上位机发送设置现场机时间命令后等待现场机应答，上位机收到应答后通过判断应答代码中 QnRtn 值决定是否等待执行结果，现场机执行设置时钟请求，返回执行结束命令，请求执行完毕		

4．实时数据采集

类别	项目		示例/说明
使用命令	上位机	取污染物实时数据	QN=20040516010101001; ST=32; CN=2011; PW=123456; MN=88888880000001; Flag=3；CP=&&&&
	现场机	请求应答	ST=91；CN=9011；PW=123456；MN=88888880000001；Flag=0；CP=&&QN=20040516010101001；QnRtn=1&&
	现场机	上传污染物实时数据	ST=32；CN=2011；PW=123456；MN=88888880000001；CP=&&DataTime=20040516020111；B01-Rtd=100；101-Rtd=1.1，101-Flag=N；102-Rtd=2.2，102-Flag=N...&&
	上位机	停止察看实时数据	QN=20040516010101001; ST=32; CN=2012; PW=123456; MN=88888880000001; CP=&&&&
	现场机	通知应答	ST=91；CN=9013；PW=123456；MN=88888880000001；CP=&&QN=20040516010101001&&
使用字段	QN		停止察看实时数据中的 QN 等于取污染物实时数据中的 QN
	101-Rtd		污染物 101 的实时采样数据
	101-Flag		污染物 101 的数据标记（可以没有此项，根据实际情况确定）
	DataTime		数据时间，精确到秒
	QnRtn		请求返回结果
执行过程	上位机发送取污染物实时数据命令后等待现场机应答，收到应答后通过判断应答代码决定是否接收实时数据，接收需要的实时数据后发送停止察看实时数据通知命令，收到现场机的应答后，结束实时数据采集		

5．污染治理设施运行状态

类别	项目		示例/说明
使用命令	上位机	取设施运行状态数据	QN=20040516010101001; ST=32; CN=2021; PW=123456; MN=88888880000001; Flag=3；CP=&&&&
	现场机	请求应答	ST=91；CN=9011；PW=123456；MN=88888880000001；Flag=0；CP=&&QN=20040516010101001；QnRtn=1&&
	现场机	上传设施运行状态数据	ST=32；CN=2021；PW=123456；MN=88888880000001；CP=&&DataTime=20040516020111；SB1-RS=1；SB2-RS=0...&&
	上位机	停止察看设施运行状态	QN=20040516010101001; ST=32; CN=2022; PW=123456; MN=88888880000001; CP=&&&&
	现场机	通知应答	ST=91；CN=9013；PW=123456；MN=88888880000001；CP=&&QN=20040516010101001&&

续表

类别	项目	示例/说明
使用字段	QN	停止察看设施运行状态中的 QN 等于取设施运行状态中的 QN
	SB1-RS	设施 SB1 的状态
	DataTime	数据时间，精确到秒
	QnRtn	请求返回结果
执行过程	上位机发送取设施运行状态数据命令后等待现场机应答，收到应答后通过判断应答代码决定是否接收设施运行状态数据，接收需要的设施运行状态数据后发送停止察看设施运行状态数据通知命令，收到现场机的应答后，结束设施运行状态数据采集	

6．污染物分钟数据（小时数据命令格式类似）

● 污染物分钟数据（无应答和拆分包）

类别	项目		示例/说明
使用命令	上位机	取污染物分钟数据	QN=20040516010101001；ST=32；CN=2051；PW=123456；MN=88888880000001；Flag=3；CP=&&BeginTime=20040506111000，EndTime=20040506151000&&
	现场机	请求应答	ST=91；CN=9011；PW=123456；MN=88888880000001；Flag=0；CP=&&QN=20040516010101001；QnRtn=1&&
	现场机	上传污染物分钟数据	ST=32；CN=2051；PW=123456；MN=88888880000001；CP=&&DataTime=20040516021000；B01-Cou=200；101-Cou=2.5，101-Min=1.1，101-Avg=1.1，101-Max=1.1；102-Cou=2.5，102-Min=2.1，102-Avg=2.1，102-Max=2.1...&&
	现场机	返回操作执行结果	ST=91；CN=9012；PW=123456；MN=88888880000001；CP=&&QN=20040516010101001；ExeRtn=1&&
使用字段	QN		请求编号
	QnRtn		请求返回结果
	BeginTime		采集数据的起始时间，精确到分钟信息
	EndTime		采集数据的结束时间，精确到分钟信息
	DataTime		数据时间，时间精确到分钟，且以整分钟为单位
	101-Cou		污染物 101 分钟内的排放量
	101-Min		污染物 101 分钟内的最小值
	101-Avg		污染物 101 分钟内的平均值
	101-Max		污染物 101 分钟内的最大值
	ExeRtn		请求执行结果
执行过程	上位机发送取污染物分钟数据命令后等待现场机应答，收到应答后通过判断应答代码决定是否接收污染物分钟数据，现场机把所有污染物每间隔分钟数据作为一个数据包，直至发送完符合时间段内的所有包，发送完指定的数据后，现场机返回执行结束命令，此时此次请求执行完毕		

● 污染物分钟数据（有应答、无拆分包）

类别	项目		示例/说明
使用命令	上位机	取污染物分钟数据	QN=20040516010101001；ST=32；CN=2051；PW=123456；MN=88888880000001；Flag=3；CP=&&BeginTime=20040506111000，EndTime=20040506151000&&
	现场机	请求应答	ST=91；CN=9011；PW=123456；MN=88888880000001；Flag=1；CP=&&QN=20040516010101001；QnRtn=1&&
	现场机	上传污染物分钟数据	ST=32；CN=2051；QN=20040516010101001；PW=123456；MN=88888880000001；CP=&&DataTime=20040516021000；B01-Cou=200；101-Cou=2.5，101-Min=1.1，101-Avg=1.1，101-Max=1.1；102-Cou=2.5，102-Min=2.1，102-Avg=2.1，102-Max=2.1...&&
	上位机	数据应答	ST=91；CN=9014；CP=&&QN=20040516010101001；CN=2051&&
	现场机	返回操作执行结果	ST=91；CN=9012；PW=123456；MN=88888880000001；CP=&&QN=20040516010101001；ExeRtn=1&&
	上位机	结果应答	ST=91；CN=9014；CP=&&QN=20040516010101001；CN=9012&&

续表

类别	项目	示例/说明
使用字段	QN	请求编号
	QnRtn	请求返回结果
	BeginTime	采集数据的起始时间，精确到分钟信息
	EndTime	采集数据的结束时间，精确到分钟信息
	DataTime	数据时间，时间精确到分钟，且以整分钟为单位
	101-Cou	污染物 101 分钟内的排放量
	101-Min	污染物 101 分钟内的最小值
	101-Avg	污染物 101 分钟内的平均值
	101-Max	污染物 101 分钟内的最大值
	ExeRtn	请求执行结果
执行过程	上位机发送取污染物分钟数据命令后等待现场机应答，收到应答后通过判断应答代码决定是否接收污染物分钟数据，现场机把所有污染物每分钟间隔数据作为一个数据包，直至发送完符合时间段内的所有包，发送完指定的数据后，现场机返回执行结束命令，此时此次请求执行完毕	

- 污染物分钟数据（带数据应答的拆分包）

类别	项目		示例/说明
使用命令	上位机	取污染物分钟数据	QN=20040516010101001；ST=32；CN=2051；PW=123456；MN=88888880000001；Flag=3；CP=&&BeginTime=20040506111000，EndTime=20040506151000&&
	现场机	请求应答	ST=91；CN=9011；PW=123456；MN=88888880000001；Flag=3；CP=&&QN=20040516010101001；QnRtn=1&&
	现场机	上传污染物分钟数据	ST=32；CN=2051；QN=20040516010101001；PW=123456；MN=88888880000001；PNO=1；PNUM=1；CP=&&DataTime=20040516021000；B01-Cou=200；101-Cou=2.5，101-Min=1.1，101-Avg=1.1，101-Max=1.1；102-Cou=2.5，102-Min=2.1，102-Avg=2.1，102-Max=2.1...&&
	上位机	数据应答	ST=91；CN=9014；CP=&&QN=20040516010101001；CN=2051；PNO=1；PNUM=1；&&
	现场机	返回操作执行结果	ST=91；CN=9012；PW=123456；MN=88888880000001；CP=&&QN=20040516010101001；ExeRtn=1&&
	上位机	结果应答	ST=91；CN=9014；CP=&&QN=20040516010101001；CN=9012&&
使用字段	QN		请求编号
	QnRtn		请求返回结果
	BeginTime		采集数据的起始时间，精确到分钟信息
	EndTime		采集数据的结束时间，精确到分钟信息
	DataTime		数据时间，时间精确到分钟，且以整分钟为单位
	101-Cou		污染物 101 分钟内的排放量
	101-Min		污染物 101 分钟内的最小值
	101-Avg		污染物 101 分钟内的平均值
	101-Max		污染物 101 分钟内的最大值
	ExeRtn		请求执行结果
执行过程	上位机发送取污染物分钟数据命令后等待现场机应答，收到应答后通过判断应答代码决定是否接收污染物分钟数据，现场机把所有污染物每分钟间隔数据作为一个数据包，直至发送完符合时间段内的所有包，发送完指定的数据后，现场机返回执行结束命令，此时此次请求执行完毕		

7．污染物日数据

类别	项目		示例/说明
使用命令	上位机	取污染物日数据	QN=20040516010101001；ST=32；CN=2031；PW=123456；MN=88888880000001；Flag=3；CP=&&BeginTime=20040506000000，EndTime=20040510000000&&
	现场机	请求应答	ST=91；CN=9011；PW=123456；MN=88888880000001；Flag=0；CP=&&QN=20040516010101001；QnRtn=1&&
	现场机	上传污染物日数据	ST=32；CN=2031；PW=123456；MN=88888880000001；CP=&&DataTime=20040506000000；B01-Cou=200；101-Cou=2.5，101-Min=1.1，101-Avg=1.1，101-Max=1.1；102-Cou=2.5，102-Min=2.1，102-Avg=2.1，102-Max=2.1...&&
	现场机	返回操作执行结果	ST=91；CN=9012；PW=123456；MN=88888880000001；CP=&&QN=20040516010101001；ExeRtn=1&&
使用字段	QN		请求编号
	QnRtn		请求返回结果
	BeginTime		采集数据的起始时间，精确到日信息
	EndTime		采集数据的结束时间，精确到日信息
	DataTime		数据时间，时间精确到日，且以整日为单位
	101-Cou		污染物 101 一日内的排放量
	101-Min		污染物 101 一日内的最小值
	101-Avg		污染物 101 一日内的平均值
	101-Max		污染物 101 一日内的最大值
	ExeRtn		请求执行结果
执行过程	上位机发送取污染物日数据命令后等待现场机应答，收到应答后通过判断应答代码决定是否接收污染物日数据，现场机把所有污染物每日数据作为一个数据包，直至发送完符合时间段内的所有包，发送完指定的数据后，现场机返回执行结束命令，此时此次请求执行完毕		

8．污染治理设施运行时间日数据

类别	项目		示例/说明
使用命令	上位机	取污染治理设施运行时间日数据	QN=20040516010101001；ST=32；CN=2041；PW=123456；MN=88888880000001；Flag=3；CP=&&BeginTime=20040506000000，EndTime=20040510000000&&
	现场机	请求应答	ST=91；CN=9011；PW=123456；MN=88888880000001；Flag=0；CP=&&QN=20040516010101001；QnRtn=1&&
	现场机	上传污染治理设施运行时间日数据	ST=32；CN=2041；PW=123456；MN=88888880000001；CP=&&DataTime=20040506000000；SB1-RT=1.1；SB2-RT=2.1...&&
	现场机	返回操作执行结果	ST=91；CN=9012；PW=123456；MN=88888880000001；CP=&&QN=20040516010101001；ExeRtn=1&&
使用字段	QN		请求编号
	QnRtn		请求返回结果
	BeginTime		采集数据的起始时间，精确到日信息
	EndTime		采集数据的结束时间，精确到日信息
	DataTime		数据时间，时间精确到日，且以整日为单位
	SB1-RT		污染治理设施 SB1 一日内运行时间的累计值
	ExeRtn		请求执行结果
执行过程	上位机发送取污染治理设施运行时间日数据命令后等待现场机应答，收到应答后通过判断应答代码决定是否接收污染治理设施运行时间日数据，现场机把所有污染治理设施每日运行时间数据作为一个数据包，直至发送完符合时间段内的所有包，发送完指定的数据后，现场机返回执行结束命令，此时此次请求执行完毕		

9．提取污染物报警记录

类别	项目		示例/说明
使用命令	上位机	提取污染物报警记录	QN=20040516010101001；ST=32；CN=2071；PW=123456；MN=88888880000001；Flag=3；CP=&&BeginTime=20040506010001，EndTime=20040506150030&&
	现场机	请求应答	ST=91；CN=9011；PW=123456；MN=88888880000001；Flag=0；CP=&&QN=20040516010101001；QnRtn=1&&
	现场机	上传污染物报警记录	ST=32；CN=2071；PW=123456；MN=88888880000001；CP=&&DataTime=20040506010101；101-Ala=1.1&&
	现场机	返回操作执行结果	ST=91；CN=9012；PW=123456；MN=88888880000001；CP=&&QN=20040516010101001；ExeRtn=1&&
使用字段	QN		请求编号
	QnRtn		请求返回结果
	BeginTime		采集数据的起始时间，精确到秒信息
	EndTime		采集数据的结束时间，精确到秒信息
	DataTime		报警时间，时间精确到秒
	101-Ala		污染物 101 报警时的瞬时值
	ExeRtn		请求执行结果
执行过程	上位机发送取污染物报警记录数据命令后等待现场机应答，收到应答后通过判断应答代码决定是否接收污染物报警记录数据，接收污染物报警记录数据（每条报警记录发送一个数据包），现场机接收发送完指定的数据后，返回执行结束命令，请求执行完毕		

10．超标报警

类别	项目		示例/说明
使用命令	现场机	上传报警事件通知命令	QN=20040516010101001；ST=32；CN=2072；PW=123456；MN=88888880000001；Flag=0；CP=&&AlarmTime=20040506010101；101-Ala=1.1，AlarmType=1&&
	上位机	通知应答	ST=91；CN=9013；PW=123456；MN=88888880000001；Flag=0；CP=&&QN=20040516010101001&&
使用字段	QN		请求编号
	AlarmTime		超标开始时间，精确到秒
	101-Ala		污染物 101 报警瞬时数据
	AlarmType		报警事件类型
执行过程	当现场机监测到某一污染物超标后，向上位机发送报警事件通知，上位机收到后返回通知应答，告诉现场及已收到通知，交互结束		

11．设置污染物报警门限值

类别	项目		示例/说明
使用命令	上位机	设置污染物报警门限值	QN=20040516010101001；ST=32；CN=1022；PW=123456；MN=88888880000001；Flag=3；CP=&&101-LowValue=1.1，101-UpValue=9.9；102-LowValue=1.1，102-UpValue=9.9...&&
	现场机	请求应答	ST=91；CN=9011；PW=123456；MN=88888880000001；Flag=0；CP=&&QN=20040516010101001；QnRtn=1&&
	现场机	返回操作执行结果	ST=91；CN=9012；PW=123456；MN=88888880000001；CP=&&QN=20040516010101001；ExeRtn=1&&
使用字段	QN		请求编号
	QnRtn		请求返回结果
	PolId		要设置的污染物编号
	101-LowValue		污染物 101 报警门限下限
	101-UpValue		污染物 101 报警门限上限
	ExeRtn		请求执行结果
执行过程	上位机发送设置污染物报警门限值命令后等待现场机应答，收到应答后通过判断应答代码决定是否等待执行结果，现场机执行设置请求，返回执行结束命令，请求执行完毕		

12．提取污染物报警门限值

类别	项目		示例/说明
使用命令	上位机	提取污染物报警门限值	QN=20040516010101001；ST=32；CN=1021；PW=123456；MN=88888880000001；Flag=3；CP=&&PolId=101；PolId=102…&&
	现场机	请求应答	ST=91；CN=9011；PW=123456；MN=88888880000001；Flag=0；CP=&&QN=20040516010101001；QnRtn=1&&
	现场机	上传污染物报警门限值	ST=32；CN=1021；PW=123456；MN=88888880000001；CP=&&QN=20040516010101001；101-LowValue=1.1，101-UpValue=9.9；102-LowValue=1.1，102-UpValue=9.9…&&
	现场机	返回操作执行结果	ST=91；CN=9012；PW=123456；MN=88888880000001；CP=&&QN=20040516010101001；ExeRtn=1&&
使用字段	QN		请求编号
	QnRtn		请求返回结果
	PolId		污染物编号
	101-LowValue		污染物 101 报警门限下限
	101-UpValue		污染物 101 报警门限上限
	ExeRtn		请求执行结果
执行过程	上位机发送提取污染物报警门限值命令后等待现场机应答，收到应答后通过判断应答代码决定是否接收报警门限设定，现场机执行请求，返回执行结束命令，请求执行完毕		

13．设置上位机地址

类别	项目		示例/说明
使用命令	上位机	设置上位机地址	QN=20040516010101001；ST=32；CN=1032；PW=123456；MN=88888880000001；Flag=3；CP=&&AlarmTarget=3882566&&
	现场机	请求应答	ST=91；CN=9011；PW=123456；MN=88888880000001；Flag=0；CP=&&QN=20040516010101001；QnRtn=1&&
	现场机	返回操作执行结果	ST=91；CN=9012；PW=123456；MN=88888880000001；CP=&&QN=20040516010101001；ExeRtn=1&&
使用字段	QN		请求编号
	QnRtn		请求返回结果
	AlarmTarget		报警地址标识
	ExeRtn		请求执行结果
执行过程	上位机发送设置上位机地址命令后等待现场机应答，收到应答后通过判断应答代码决定是否等待执行结果，现场机执行设置请求，返回执行结束命令，请求执行完毕		

14．提取上位机地址

类别	项目		示例/说明
使用命令	上位机	提取上位机地址	QN=20040516010101001；ST=32；CN=1031；PW=123456；MN=88888880000001；Flag=3；CP=&&&&
	现场机	请求应答	ST=91；CN=9011；PW=123456；MN=88888880000001；Flag=0；CP=&&QN=20040516010101001；QnRtn=1&&
	现场机	上传上位机地址	ST=32；CN=1031；PW=123456；MN=88888880000001；CP=&&QN=20040516010101001；AlarmTarget=3882566&&
	现场机	返回操作执行结果	ST=91；CN=9012；PW=123456；MN=88888880000001；CP=&&QN=20040516010101001；ExeRtn=1&&
使用字段	QN		请求编号
	QnRtn		请求返回结果
	AlarmTarget		报警地址标识
	ExeRtn		请求执行结果
执行过程	上位机发送提取上位机地址命令后等待现场机应答，收到应答后通过判断应答代码决定是否接上位机地址，现场机执行请求，返回执行结束命令，请求执行完毕		

15．设置数据上报时间

类别	项目		示例/说明
使用命令	上位机	设置数据上报时间	QN=20040516010101001；ST=32；CN=1042；PW=123456；MN=88888880000001；Flag=3；CP=&&ReportTime=0101&&
	现场机	请求应答	ST=91；CN=9011；PW=123456；MN=88888880000001；Flag=0；CP=&&QN=20040516010101001；QnRtn=1&&
	现场机	返回操作执行结果	ST=91；CN=9012；PW=123456；MN=88888880000001；CP=&&QN=20040516010101001；ExeRtn=1&&
使用字段	QN		请求编号
	QnRtn		请求返回结果
	ReportTime		数据上报时间，前两位标识小时，后两位标识分钟
	ExeRtn		请求执行结果
执行过程	上位机发送设置数据上报时间命令后等待现场机应答，收到应答后通过判断应答代码决定是否等待执行结果，现场机执行设置请求，返回执行结束命令，请求执行完毕		

16．提取数据上报时间

类别	项目		示例/说明
使用命令	上位机	提取数据上报时间	QN=20040516010101001；ST=32；CN=1041；PW=123456；MN=88888880000001；Flag=3；CP=&&&&
	现场机	请求应答	ST=91；CN=9011；PW=123456；MN=88888880000001；Flag=0；CP=&&QN=20040516010101001；QnRtn=1&&
	现场机	上传数据上报时间	ST=32；CN=1041；PW=123456；MN=88888880000001；CP=&&QN=20040516010101001；ReportTime=0101&&
	现场机	返回操作执行结果	ST=91；CN=9012；PW=123456；MN=88888880000001；CP=&&QN=20040516010101001；ExeRtn=1&&
使用字段	QN		请求编号
	QnRtn		请求返回结果
	ReportTime		数据上报时间，前两位标识小时，后两位标识分钟
	ExeRtn		请求执行结果
执行过程	上位机发送提取数据上报时间命令后等待现场机应答，收到应答后通过判断应答代码决定是否接上位机地址，现场机执行请求，返回执行结束命令，请求执行完毕		

17．下端监测设备校零校满

类别	项目		示例/说明
使用命令	上位机	校零校满	QN=20040516010101001；ST=32；CN=3011；PW=123456；MN=88888880000001；Flag=3；CP=&&PolID=101&&
	现场机	请求应答	ST=91；CN=9011；PW=123456；MN=88888880000001；Flag=0；CP=&&QN=20040516010101001；QnRtn=1&&
	现场机	返回操作执行结果	ST=91；CN=9012；PW=123456；MN=88888880000001；CP=&&QN=20040516010101001；ExeRtn=1&&
使用字段	QN		请求编号
	PolID		污染物编号
	QnRtn		请求返回结果
执行过程	上位机发送校零校满命令后等待现场机接收到应答，收到应答后通过判断应答代码决定是否等待现场机的执行结果，现场机执行请求的动作，返回执行结束命令，此次请求执行完毕。每次命令设置一个设备校零校满		

18．设置实时采样数据上报间隔

类别	项目		示例/说明
使用命令	上位机	设置实时采样数据上报间隔	QN=20040516010101001; ST=32; CN=1062; PW=123456; MN=88888880000001; Flag=3; CP=&&RtdInterval=30&&
	现场机	请求应答	ST=91； CN=9011； PW=123456； MN=88888880000001； Flag=0； CP=&&QN=20040516010101001；QnRtn=1&&
	现场机	返回操作执行结果	ST=91; CN=9012; PW=123456; MN=88888880000001; CP=&&QN=20040516010101001; ExeRtn=1&&
使用字段	QN		请求编号
	QnRtn		请求返回结果
	RtdInterval		实时采样数据上报间隔
	ExeRtn		请求执行结果
执行过程	上位机发送设置实时采样数据上报间隔命令后等待现场机应答，收到应答后通过判断应答代码决定是否等待执行结果，现场机执行设置请求，返回执行结束命令，请求执行完毕		

19．提取实时采样数据上报间隔

类别	项目		示例/说明
使用命令	上位机	提取实时采样数据上报间隔	QN=20040516010101001; ST=32; CN=1061; PW=123456; MN=88888880000001; Flag=3; CP=&&&&
	现场机	请求应答	ST=91； CN=9011； PW=123456； MN=88888880000001； Flag=0； CP=&&QN=20040516010101001；QnRtn=1&&
	现场机	上传实时采样数据上报间隔	ST=32; CN=1061; PW=123456; MN=88888880000001; CP=&&QN=20040516010101001; RtdInterval=30&&
	现场机	返回操作执行结果	ST=91; CN=9012; PW=123456; MN=88888880000001; CP=&&QN=20040516010101001; ExeRtn=1&&
使用字段	QN		请求编号
	QnRtn		请求返回结果
	RtdInterval		实时采样数据上报间隔
	ExeRtn		请求执行结果
执行过程	上位机发送提取实时采样数据上报间隔命令后等待现场机应答，收到应答后通过判断应答代码决定是否接实时采样数据上报间隔，现场机执行请求，返回执行结束命令，请求执行完毕		

20．初始化超时时间和重发次数

类别	项目		示例/说明
使用命令	上位机	设置现场机超时时间和重发次数	QN=20040516010101001; ST=32; CN=1000; PW=123456; MN=88888880000001; Flag=3; CP=&&OverTime=5；ReCount=3&&
	现场机	请求应答	ST=91； CN=9011； PW=123456； MN=88888880000001； Flag=0； CP=&&QN=20040516010101001；QnRtn=1&&
	现场机	返回操作执行结果	ST=91；CN=9012；PW=123456；MN=88888880000001；CP=&&QN=20040516010101001; ExeRtn=1&&
使用字段	QN		请求编号
	QnRtn		请求返回结果
	Overtime		超时时间
	ReCount		重发次数
	ExeRtn		请求执行结果
执行过程	上位机发送设置现场机超时时间和重发次数命令后等待现场机应答，上位机收到应答后通过判断应答代码中QnRtn值决定是否等待执行结果，现场机执行设置时钟请求，返回执行结束命令，请求执行完毕		

21．初始化超限报警时间

类别	项目		示例/说明
使用命令	上位机	设置现场机超限报警时间	QN=20040516010101001; ST=32; CN=1001; PW=123456; MN=88888880000001; Flag=3; CP=&&WarnTime=5&&
	现场机	请求应答	ST=91； CN=9011； PW=123456； MN=88888880000001； Flag=0； CP=&&QN=20040516010101001； QnRtn=1&&
	现场机	返回操作执行结果	ST=91; CN=9012; PW=123456; MN=88888880000001; CP=&&QN=20040516010101001; ExeRtn=1&&
使用字段	QN		请求编号
	QnRtn		请求返回结果
	WarnTime		报警时间
	ExeRtn		请求执行结果
执行过程	上位机发送设置现场机超限报警时间命令后等待现场机应答，上位机收到应答后通过判断应答代码中 QnRtn 值决定是否等待执行结果，现场机执行设置时钟请求，返回执行结束命令，请求执行完毕		

22．下端监测设备即时采样

类别	项目		示例/说明
使用命令	上位机	即时采样	QN=20040516010101001; ST=32; CN=3012; PW=123456; MN=88888880000001; Flag=3; CP=&&PolID=101&&
	现场机	请求应答	ST=91； CN=9011； PW=123456； MN=88888880000001； Flag=0； CP=&&QN=20040516010101001； QnRtn=1&&
	现场机	返回操作执行结果	ST=91; CN=9012; PW=123456; MN=88888880000001; CP=&&QN=20040516010101001; ExeRtn=1&&
使用字段	QN		请求编号
	QnRtn		请求返回结果
	PolID		污染物编号
执行过程	上位机发送即时采样命令后等待现场机接收到应答，收到应答后通过判断应答代码决定是否等待现场机的执行结果，现场机执行请求的动作，返回执行结束命令，此次请求执行完毕。每次命令设置一个设备即时采样		

23．设置设备采样时间周期

类别	项目		示例/说明
使用命令	上位机	设置设备采样时间	QN=20040516010101001; ST=32; CN=3014; PW=123456; MN=88888880000001; Flag=3; CP=&&PolID=101，CTime=04，CTime=10，CTime=14，CTime=16...&&
	现场机	请求应答	ST=91； CN=9011； PW=123456； MN=88888880000001； Flag=0； CP=&&QN=20040516010101001； QnRtn=1&&
	现场机	返回操作执行结果	ST=91; CN=9012; PW=123456; MN=88888880000001; CP=&&QN=20040516010101001; ExeRtn=1&&
使用字段	QN		请求编号
	QnRtn		请求返回结果
	CTime		设备采样时间
执行过程	上位机发送设置采样时间命令后等待下位机接收到应答，收到应答后通过判断应答代码决定是否等待下位机的执行结果，下位机执行请求的动作，返回执行结束命令，此次请求执行完毕。每次命令设置一个设备采样周期 注：CTime=04 表示 4 点钟开始采样		

附加说明：

本标准由国家环境保护总局科技标准司提出。

本标准主要起草单位：国家环境保护总局环境应急与事故调查中心、国家环境保护总局信息中心、中国环境监测总站、西安交大长天软件股份有限公司。

本标准由国家环境保护总局解释。

第二篇
实验室标准分析方法

中华人民共和国国家标准

水质　pH值的测定　玻璃电极法

UDC 663.6：543.06
GB 6920—86

Water quality—Determination of pH value—Glass electrode method

国家环境保护局1986-10-10发布　　1987-03-01实施

1　适用范围

1.1　本方法适用于饮用水、地面水及工业废水pH值的测定。

1.2　水的颜色、浊度、胶体物质、氧化剂、还原剂及较高含盐量均不干扰测定；但在pH小于1的强酸性溶液中，会有所谓酸误差，可按酸度测定；在pH大于10的碱性溶液中，因有大量钠离子存在，产生误差，使读数偏低，通常称为钠差。消除钠差的方法，除了使用特制的低钠差电极外，还可以选用与被测溶液的pH值相近似的标准缓冲溶液对仪器进行校正。

温度影响电极的单位和水的电离平衡。须注意调节仪器的补偿装置与溶液的温度一致，并使被测样品与校正仪器用的标准缓冲溶液温度误差在±1℃之内。

2　定义*

pH是从操作上定义的。对于溶液X，测出伽伐尼电池

参比电极｜KCl浓溶液‖溶液X｜H_2｜Pt

的电动势E_X。将未知pH（X）的溶液X换成标准pH溶液S，同样测出电池的电动势E_S，则

$$pH(X)=pH(S)+(E_S-E_X)F/(RT\ln 10)$$

因此，所定义的pH是无量纲的量。

pH没有理论上的意义，其定义为一种实用定义。但是在物质的量浓度小于0.1 mol dm^3的稀薄水溶液有限范围，既非强酸性又非强碱性（2＜pH＜12）时，则根据定义，有：

$$pH=-\log_{10}[c(H)y/(mol\cdot dm^3)]\pm 0.02$$

式中，c（H）代表氢离子H的物质的量浓度，y代表溶液中典型1－1价电解质的活度系数。

3　原理

pH值由测量电池的电动势而得。该电池通常由饱和甘汞电极为参比电极，玻璃电极为指示电极所组成。在25℃，溶液中每变化1个pH单位，电位差改变为59.16 mV，据此在仪器上直接以pH的读数表示。温度差异在仪器上有补偿装置。

* 此定义引自GB 3100～3102—82《量和单位》第151页。

4 试剂

4.1 标准缓冲溶液（简称标准溶液）的配制方法

4.1.1 试剂和蒸馏水的质量

4.1.1.1 在分析中，除非另作说明，均要求使用分析纯或优级纯试剂。购买经中国计量科学研究院检定合格的袋装 pH 标准物质时，可参照说明书使用。

4.1.1.2 配制标准溶液所用的蒸馏水应符合下列要求：煮沸并冷却、电导率小于 2×10^{6}S* cm 的蒸馏水，其 pH 以 6.7～7.3 为宜。

4.1.2 测量 pH 时，按水样呈酸性、中性和碱性三种可能，常配制以下三种标准溶液：

4.1.2.1 pH 标准溶液甲（pH4.008，25℃）

称取先在 110～130℃干燥 2～3 h 的邻苯二甲酸氢钾（$KHC_8H_4O_4$）10.12 g，溶于水并在容量瓶中稀释至 1 L。

4.1.2.2 pH 标准溶液乙（pH6.865，25℃）

分别称取先在 110～130℃干燥 2～3 h 的磷酸二氢钾（KH_2PO_4）3.388 g 和磷酸氢二钠（Na_2HPO_4）3.533 g，溶于水并在容量瓶中稀释至 1 L。

4.1.2.3 pH 标准溶液丙（pH9.180，25℃）

为了使晶体具有一定的组成，应称取与饱和溴化钠（或氯化钠加蔗糖）溶液（室温）共同放置在干燥器中平衡两昼夜的硼砂（$Na_2B_4O_7\cdot10H_2O$）3.80 g，溶于水并在容量瓶中稀释至 1 L。

4.2 当被测样品 pH 值过高或过低时，应参考表 1 配制与其 pH 值相近似的标准溶液校正仪器。

表 1 pH 标准溶液的制备**

标准溶液中溶质的质量摩尔浓度/（mol/kg）	25℃的 pH	每 1 000 ml 25℃水溶液所需药品重量
基本标准 酒石酸氢钾（25℃饱和）	3.557	6.4 g$KHC_4H_4O_6$①
0.05 m 柠檬酸二氢钾	3.776	11.4 g$KH_2C_6H_5O_7$
0.05 m 邻苯二甲酸氢钾	4.008	10.12 g$KHC_8H_4O_4$
0.025 m 磷酸二氢钾+ 0.025 m 磷酸氢二钠	6.865	3.388 gKH_2PO_4+ 3.533 g$Na_2HPO_4$②③
0.008 695 m 磷酸二氢钾+ 0.030 43 m 磷酸氢二钠	7.413	1.179 gKH_2PO_4 4.302 g$Na_2HPO_4$②③
0.01 m 硼砂	9.180	3.80 g$Na_2B_4O_7\cdot10H_2O$③
0.025 m 磷酸氢钠+ 0.025 m 碳酸钠	10.012	2.092 g$NaHCO_3$+ 2.640 gNa_2CO_3
辅助标准 0.05 m 四草酸钾	1.679	12.61 g$KH_3C_4O_8\cdot2H_2O$④
氢氧化钙（25℃饱和）	12.454	1.5 gCa（OH）$_2$①

注：① 大约溶解度。
② 在 110～130℃烘 2～3 h。
③ 必须用新煮沸并冷却的蒸馏水（不含 CO_2）配制。
④ 别名草酸三氢钾，使用前在（54±3）℃干燥 4～5 h。

* 电导的单位是西（门子）（Siemens），用符号“S”表示，1 S=1 Ω^{-1}。

** 此表引自美国《水和废水标准检验法》15 版（中文译本）第 374 页，（1985）中国建筑工业出版社。

4.3　标准溶液的保存

4.3.1　标准溶液要在聚乙烯瓶或硬质玻璃瓶中密闭保存。

4.3.2　在室温条件下标准溶液一般以保存 1～2 个月为宜，当发现有浑浊、发霉或沉淀现象时，不能继续使用。

4.3.3　在 4℃冰箱内存放，且用过的标准溶液不允许再倒回去，这样可延长使用期限。

4.4　标准溶液的 pH 值随温度变化而稍有差异。一些常用标准溶液的 pH（S）值见表 2。

表 2　五种标准溶液的 pH（S）值*

t/℃	A	B	C	D	E
0		4.003	6.984	7.534	9.464
5		3.999	6.951	7.500	9.395
10		3.998	6.923	7.472	9.332
15		3.999	6.900	7.448	9.276
20		4.002	6.881	7.429	9.225
25	3.557	4.008	6.865	7.413	9.180
30	3.552	4.015	6.853	7.400	9.139
35	3.549	4.024	6.844	7.389	9.102
38	3.548	4.030	6.840	7.384	9.081
40	3.547	4.035	6.838	7.380	9.068
45	3.547	4.047	6.834	7.373	9.038
50	3.549	4.060	6.833	7.367	9.011
55	3.554	4.075	6.834		8.985
60	3.560	4.091	6.836		8.962
70	3.580	4.126	6.845		8.921
80	3.609	4.164	6.859		8.885
90	3.650	4.205	6.877		8.850
95	3.674	4.227	6.886		8.833

这些标准溶液的组成是：

A：酒石酸氢钾（25℃饱和）；

B：邻苯二甲酸氢钾，0.05 mol/kg；

C：磷酸二氢钾，0.025 mol/kg；

　　磷酸氢二钠，0.025 mol/kg；

D：磷酸二氢钾，0.008 695 mol/kg；

　　磷酸氢二钠，0.030 43 mol/kg；

E：硼砂，0.01 mol/kg。

这里溶剂是水。

5　仪器

5.1　酸度计或离子浓度计。常规检验使用的仪器，至少应当精确到 0.1 pH 单位，pH 范围从 0 至 14。如有特殊需要，应使用精度更高的仪器。

5.2　玻璃电极与甘汞电极。

* 此表引自《IUPAC Manual of Symbols and Terminology for Physicochemical Quantities and Units》（1979）第 31 页。

6　样品保存

最好现场测定。否则，应在采样后把样品保持在0～4℃，并在采样后6 h之内进行测定。

7　步骤

7.1　仪器校准：操作程序按仪器使用说明书进行。先将水样与标准溶液调到同一温度，记录测定温度，并将仪器温度补偿旋钮调至该温度上。

用标准溶液校正仪器，该标准溶液与水样pH相差不超过2个pH单位。从标准溶液中取出电极，彻底冲洗并用滤纸吸干。再将电极浸入第二个标准溶液中，其pH大约与第一个标准溶液相差3个pH单位，如果仪器响应的示值与第二个标准溶液的pH（S）值之差大于0.1 pH单位，就要检查仪器、电极或标准溶液是否存在问题。当三者均正常时，方可用于测定样品。

7.2　样品测定

测定样品时，先用蒸馏水认真冲洗电极，再用水样冲洗，然后将电极浸入样品中，小心摇动或进行搅拌使其均匀，静置，待读数稳定时记下pH值。

8　精密度（见表3）

表3

pH范围	允许差，pH单位	
	重复性*	再现性**
6	±0.1	±0.3
6～9	±0.1	±0.2
9	±0.2	±0.5

9　注释

9.1　玻璃电极在使用前先放入蒸馏水中浸泡24 h以上。

9.2　测定pH时，玻璃电极的球泡应全部浸入溶液中，并使其稍高于甘汞电极的陶瓷芯端，以免搅拌时碰坏。

9.3　必须注意玻璃电极的内电极与球泡之间、甘汞电极的内电极和陶瓷芯之间不得有气泡，以防断路。

9.4　甘汞电极中的饱和氯化钾溶液的液面必须高出汞体，在室温下应有少许氯化钾晶体存在，以保证氯化钾溶液的饱和，但须注意氯化钾晶体不可过多，以防止堵塞与被测溶液的通路。

9.5　测定pH时，为减少空气和水样中二氧化碳的溶入或挥发，在测水样之前，不应提前打开水样瓶。

9.6　玻璃电极表面受到污染时，需进行处理。如果系附着无机盐结垢，可用温稀盐酸溶解；对钙镁等难溶性结垢，可用EDTA二钠溶液溶解；沾有油污时，可由丙酮清洗。电极按上述方法处理后，应在蒸馏水中浸泡一昼夜再使用。注意忌用无水乙醇、脱水性洗涤剂处理电极。

---

* 根据一个试验室中对pH值在2.21～13.23范围内的生活饮用水，轻度、中度、重度污染的地面水及部分类型工业废水样品进行重复测定的结果而定。

** 根据北京地区19个试验室共使用10种不同型号的酸度计，4种不同型号的电极用本法对pH值在1.41～11.66范围内的7个人工合成水样及1个地面水样的测定结果而定。

10 试验报告

试验报告应包括下列内容：

a. 取样日期、时间和地点；

b. 样品的保存方法；

c. 测定样品的日期和时间；

d. 测定时样品的温度；

e. 测定的结果（pH 值应取最接近于 0.1pH 单位，如有特殊要求时，可根据需要及仪器的精确度确定结果的有效数字位数）；

f. 其他需说明的情况。

附加说明：

本标准由国家环境保护局提出。

本标准由北京市环境保护监测中心负责起草。

本标准主要起草人董淑英。

本标准由国家环境保护局负责解释。

中华人民共和国国家标准

水质　六价铬的测定
二苯碳酰二肼分光光度法

UDC 614.777:
543.42:
546.76
GB 7467—87

Water quality—Determination of chromium（Ⅵ）—1,5 Diphenylcarbohydrazide spectrophotometric method

国家环境保护局 1987-03-14 批准　　　　1987-08-01 实施

1　适用范围

1.1　本标准适用于地面水和工业废水中六价铬的测定

1.2　测定范围

试份体积为 50 ml，使用光程长为 30 mm 的比色皿，本方法的最小检出量为 0.2μg 六价铬，最低检出浓度为 0.004 mg/L，使用光程为 10 mm 的比色皿，测定上限浓度为 1.0 mg/L。

1.3　干扰

含铁量大于 1 mg/L 显色后呈黄色。六价钼和汞也和显色剂反应，生成有色化合物，但在本方法的显色酸度下，反应不灵敏，钼和汞的浓度达 200 mg/L 不干扰测定。钒有干扰，其含量高于 4 mg/L 即干扰显色。但钒与显色剂反应后 10 min，可自行褪色。

2　原理

在酸性溶液中，六价铬与二苯碳酰二肼反应生成紫红色化合物，于波长 540 nm 处进行分光光度测定。

3　试剂

测定过程中，除非另有说明，均使用符合国家标准或专业标准的分析纯试剂和蒸馏水或同等纯度的水，所有试剂应不含铬。

3.1　丙酮

3.2　硫酸

3.2.1　1＋1 硫酸溶液。

将硫酸（H_2SO_4，ρ＝1.84 g/ml，优级纯）缓缓加入到同体积的水中，混匀。

3.3　磷酸：1＋1 磷酸溶液

将磷酸（H_3PO_4，ρ＝1.69 g/ml，优级纯）与水等体积混合。

3.4　氢氧化钠：4 g/L 氢氧化钠溶液

将氢氧化钠（NaOH）1 g 溶于水并稀释至 250 ml。

3.5　氢氧化锌共沉淀剂

3.5.1　硫酸锌：8%（m/V）硫酸锌溶液。

称取硫酸锌（$ZnSO_4 \cdot 7H_2O$）8 g，溶于 100 ml 水中。

3.5.2 氢氧化钠：2%（m/V）溶液。

称取 2.4 g 氢氧化钠，溶于 120 ml 水中。

用时将 3.5.1 和 3.5.2 两溶液混合。

3.6 高锰酸钾：40 g/L 溶液

称取高锰酸钾（$KMnO_4$）4 g，在加热和搅拌下溶于水，最后稀释至 100 ml。

3.7 铬标准贮备液

称取于 110℃干燥 2 h 的重铬酸钾（$K_2Cr_2O_7$，优级纯）0.282 9±0.000 1 g，用水溶解后，移入 1 000 ml 容量瓶中，用水稀释至标线，摇匀。此溶液 1 ml 含 0.10 mg 六价铬。

3.8 铬标准溶液

吸取 5.00 ml 铬标准贮备液（3.7）置于 500 ml 容量瓶中，用水稀释至标线，摇匀。此溶液 1 ml 含 1.00μg 六价铬。使用当天配制此溶液。

3.9 铬标准溶液

吸取 25.00 ml 铬标准贮备液（3.7）置于 500 ml 容量瓶中，用水稀释至标线，摇匀。此溶液 1 ml 含 5.00μg 六价铬。使用当天配制此溶液。

3.10 尿素：200 g/L 尿素溶液

将尿素［$(NH_2)_2CO$］20 g 溶于水并稀释至 100 ml。

3.11 亚硝酸钠：20 g/L 溶液

将亚硝酸钠（$NaNO_2$）2 g 溶于水并稀释至 100 ml。

3.12 显色剂（Ⅰ）

称取二苯碳酰二肼（$C_{13}H_{14}N_4O$）0.2 g，溶于 50 ml 丙酮（3.1）中，加水稀释至 100 ml，摇匀，贮于棕色瓶，置冰箱中。色变深后，不能使用。

3.13 显色剂（Ⅱ）

称取二苯碳酰二肼 2 g，溶于 50 ml 丙酮（3.1）中，加水稀释至 100 ml，摇匀。贮于棕色瓶，置冰箱中。色变深后，不能使用。

注：显色剂（Ⅰ）也可按下法配制：称取 4.0 g 苯二甲酸酐（C_6H_4O），加到 80 ml 乙醇中，搅拌溶解（必要时可用水浴微温），加入 0.5 g 二苯碳酰二肼，用乙醇稀释至 100 ml。此溶液于暗处可保存六个月。使用时要注意加入显色剂后立即摇匀，以免六价铬被还原。

4 仪器

一般实验室仪器和：

4.1 分光光度计

注：所有玻璃器皿内壁须光洁，以免吸附铬离子。不得用重铬酸钾洗液洗涤。可用硝酸、硫酸混合液或合成洗涤剂洗涤，洗涤后要冲洗干净。

5 采样与样品

实验室样品应该用玻璃瓶采集。采集时，加入氢氧化钠，调节样品 pH 值约为 8。并在采集后尽快测定，如放置，不要超过 24 h。

6 步骤

6.1 样品的预处理

6.1.1 样品中不含悬浮物，是低色度的清洁地面水可直接测定。

6.1.2 色度校正：如样品有色但不太深时，按 6.3 步骤另取一份试样，以 2 ml 丙酮（3.1）代替显色剂，其他步骤同 6.3。试份测得的吸光度扣除此色度校正吸光度后，再行计算。

6.1.3 锌盐沉淀分离法：对混浊、色度较深的样品可用此法前处理。

取适量样品（含六价铬少于 100μg）于 150 ml 烧杯中，加水至 50 ml。滴加氢氧化钠溶液（3.4），调节溶液 pH 值为 7～8。在不断搅拌下，滴加氢氧化锌共沉淀剂（3.5）至溶液 pH 值为 8～9。将此溶液转移至 100 ml 容量瓶中，用水稀释至标线。用慢速滤纸干过滤，弃去 10～20 ml 初滤液，取其中 50.0 ml 滤液供测定。

注：当样品经锌盐沉淀分离法前处理后仍含有机物干扰测定时，可用酸性高锰酸钾氧化法破坏有机物后再测定。即取 50.0 ml 滤液于 150 ml 锥形瓶中，加入几粒玻璃珠，加入 0.5 ml 硫酸溶液（3.2.1）、0.5 ml 磷酸溶液（3.3），摇匀。加入 2 滴高锰酸钾溶液（3.6），如紫红色消退，则应添加高锰酸钾溶液保持紫红色。加热煮沸至溶液体积约剩 20 ml。取下稍冷，用定量中速滤纸过滤，用水洗涤数次，合并滤液和洗液至 50 ml 比色管中。加入 1 ml 尿素溶液（3.10），摇匀，用滴管滴加亚硝酸钠溶液（3.11），每加一滴充分摇匀，至高锰酸钾的紫红色刚好褪去。稍停片刻，待溶液内气泡逸尽，转移至 50 ml 比色管中，用水稀释至标线，供测定用。

6.1.4 二价铁、亚硫酸盐、硫代硫酸盐等还原性物质的消除：取适量样品（含六价铬少于 50μg）于 50 ml 比色管中，用水稀释至标线，加入 4 ml 显色剂（Ⅱ）（3.13），混匀，放置 5 min 后，加入 1 ml 硫酸溶液（3.2）摇匀。5～10 min 后，在 540 nm 波长处，用 10 或 30 mm 光程的比色皿，以水做参比，测定吸光度。扣除空白试验测得的吸光度后，从校准曲线查得六价铬含量。用同法做校准曲线。

6.1.5 次氯酸盐等氧化性物质的消除：取适量样品（含六价铬少于 50μg）于 50 ml 比色管中，用水稀释至标线，加入 0.5 ml 硫酸溶液（3.2）、0.5 ml 磷酸溶液（3.3）、1.0 ml 尿素溶液（3.10），摇匀，逐滴加入 1 ml 亚硝酸钠溶液（3.11），边加边摇，以除去由过量的亚硝酸钠与尿素反应生成的气泡，待气泡除尽后，以下步骤同 6.3（免去加硫酸溶液和磷酸溶液）。

6.2 空白试验

按同试样完全相同的处理步骤进行空白试验，仅用 50 ml 水代替试样。

6.3 测定

取适量（含六价铬少于 50μg）无色透明试份，置于 50 ml 比色管中，用水稀释至标线。加入 0.5 ml 硫酸溶液（3.2）和 0.5 ml 磷酸溶液（3.3），摇匀。加入 2 ml 显色剂（Ⅰ）（3.12），摇匀，5～10 min 后，在 540 nm 波长处，用 10 或 30 mm 的比色皿，以水做参比，测定吸光度，扣除空白试验测得的吸光度后，从校准曲线（6.4）上查得六价铬含量。

注：如经锌盐沉淀分离、高锰酸钾氧化法处理的样品，可直接加入显色剂测定。

6.4 校准

向一系列 50 ml 比色管中分别加入 0、0.20、0.50、1.00、2.00、4.00、6.00、8.00 和 10.0 ml 铬标准溶液（3.8 或 3.9）（如经锌盐沉淀分离法前处理，则应加倍吸取），用水稀释至标线。然后按照测定试样的步骤（6.1 和 6.3）进行处理。

从测得的吸光度减去空白试验的吸光度后，绘制以六价铬的量对吸光度的曲线。

7 结果的表示

7.1 计算方法

六价铬含量 c（mg/L）按下式计算：

$$c=\frac{m}{V}$$

式中：m——由校准曲线查得的试份含六价铬量，μg；

V——试份的体积，ml。

六价铬含量低于 0.1 mg/L，结果以三位小数表示；六价铬含量高于 0.1 mg/L，结果以三位有效数字表示。

7.2 精密度和准确度

7.2.1 七个实验室测定含六价铬 0.08 mg/L 的统一分发标准溶液按 6.3 步骤测定结果如下：

7.2.1.1 重复性

实验室内相对标准偏差为 0.6%。

7.2.1.2 再现性

实验室间总相对标准偏差为 2.1%。

7.2.1.3 准确度

相对误差为 0.13%。

7.2.2 北京市环境保护监测中心组织北京市 9 个实验室对配制值为 0.250 mg/L 美国环保局质控样品、浓度水平为 0.392 mg/L 电镀废水（6 个实验室）、浓度水平 0.122 mg/L 制革废水（7 个实验室）协同试验结果如下：

7.2.2.1 重复性

质控样品实验室内相对标准偏差为 2%；电镀废水实验室内相对标准偏差为 2.8%；制革废水实验室内相对标准偏差为 4.9%。

7.2.2.2 再现性

质控样品实验室间相对标准偏差为 4%；电镀废水实验室间相对标准偏差为 10%；制革废水实验室间相对标准偏差为 16%。

7.2.2.3 准确度

质控样品相对误差为 0.4%。

附加说明：

本标准由国家环境保护局规划标准处提出。

本标准由北京市环境保护监测中心负责起草。

本标准主要起草人尚邦懿。

本标准由中国环境监测总站负责解释。

中华人民共和国国家标准

水质　总汞的测定　高锰酸钾-过硫酸钾消解法　双硫腙分光光度法

UDC 614.777：543.422：546.49
GB 7469—87

Water quality—Determination of total mercury—Potassium permanganate—potassium persalfate decomposed method—Dithizone spectrophotometric method

国家环境保护局 1987-03-14 批准　　1987-08-01 实施

本标准适用于生活污水、工业废水和受汞污染的地面水。

用双硫腙分光光度法测定汞含量，在酸性条件下，干扰物主要是铜离子。在双硫腙（二苯硫代偕肼腙）洗脱液中加入 1%（m/V）EDTA 二钠（乙二胺四乙酸二钠），至少可掩蔽 300μg 铜离子的干扰。

本方法的摩尔吸光系数$\varepsilon = 7.1\times10^4\ \mathrm{L\cdot mol^{-1}\cdot cm^{-1}}$。

取 250 ml 水样测定，汞的最低检出浓度为 2μg/L，测定上限为 40μg/L。

1　定义

总汞：未过滤的水样，经剧烈消解后测得的汞浓度，它包括无机的、有机结合的、可溶的和悬浮的全部汞。

2　原理

在 95℃用高锰酸钾和过硫酸钾将试样消解，把所含汞全部转化为二价汞。

用盐酸羟胺将过剩的氧化剂还原，在酸性条件下，汞离子与双硫腙生成橙色螯合物，用有机溶剂萃取，再用碱溶液洗去过剩的双硫腙。

3　试剂

除另有说明外，分析中仅使用水（3.1）及公认的分析纯试剂，其中含汞量要尽可能少*。

3.1　去离子水：电阻率在 500 000 Ω・cm（25℃）以上。

3.2　无水乙醇（C_2H_5OH）：优级纯。

3.3　氯仿（$CHCl_3$）：重蒸馏并于每 100 ml 中加入 1 ml 无水乙醇（3.2）作保存剂。

3.4　硫酸（H_2SO_4）：ρ_{20}=1.84 g/ml，优级纯。

3.5　硝酸（HNO_3）：ρ_{20}=1.48 g/ml，优级纯。

3.6　硝酸：约 0.8 mol/L 溶液。

将 50 ml 硝酸（3.5）用水稀释至 1 000 ml。

3.7　高锰酸钾：50 g/L 溶液。

将 50 g 高锰酸钾（$KMnO_4$，优级纯，必要时重结晶精制）溶于水并稀释至 1 000 ml。

注：制备操作要小心，避免未溶解颗粒沉淀或悬浮于溶液中（必要时可加热助溶）。

---

* 如采用的试剂导致空白试验值偏高，应改用级别更高的或经过提纯精制的试剂。

溶液贮存在棕色具磨口塞的玻璃瓶中。

3.8 过硫酸钾：50 g/L 溶液。

将 5 g 过硫酸钾（$K_2S_2O_8$）溶于水并稀释至 100 ml。

使用当天配制此溶液。

3.9 盐酸羟胺：100 g/L 溶液。

将 10 g 盐酸羟胺（$NH_2OH \cdot HCl$）溶于水并稀释至 100 ml。

每次用 5 ml 双硫腙溶液（3.12）萃取，至双硫腙不变色为止，再用少量氯仿（3.3）洗两次。

3.10 亚硫酸钠：200 g/L 溶液。

将 20 g 亚硫酸钠（$Na_2SO_3 \cdot 7H_2O$）溶于水并稀释至 100 ml。

3.11 双硫腙：1 g/L 氯仿溶液。

将 0.1 g 双硫腙（$C_6H_5N:NCSNHNHC_6H_5$）溶于 20 ml 氯仿中，滤去不溶物，置分液漏斗中，每次用 50 ml1＋100 氨水提取 5 次，合并水层，用 6 mol/L 盐酸中和后，再用 100 ml 氯仿（3.3）分三次提取，合并氯仿层贮于棕色瓶中，置冰箱内保存。

3.12 双硫腙：透光率约为 70%（波长 500 nm，10 mm 比色皿）的氯仿溶液。

将双硫腙溶液（3.11）用氯仿（3.3）稀释而成。

3.13 双硫腙洗脱液。

将 8 g 氢氧化钠（NaOH，优级纯）溶于煮沸放冷的水中，加入 10 gEDTA 二钠（$C_{10}H_{14}N_2O_8Na_2 \cdot 2H_2O$），稀释至 1 000 ml，贮于聚乙烯瓶中，密塞。

3.14 重铬酸钾：4 g/L 酸溶液。

将 4 g 重铬酸钾（$K_2Cr_2O_7$，优级纯）溶于 500 ml 水中，然后缓慢加入 500 ml 硫酸（3.4）或者 500 ml 硝酸（3.5）。

3.15 汞：相当于 1 g/L 汞的标准溶液。

称取 1.354 g 氯化汞（$HgCl_2$），准确至 0.001 g，通过漏斗转移至 1 000 ml 容量瓶，加入少量水（同时冲洗漏斗）和 25 ml 硝酸（3.5），溶解后用水稀释至标线并混匀。

本溶液在硼硅玻璃瓶中可贮存至少一个月。

1.00 ml 此标准溶液含 1.00 mg 汞。

注：在稀释到标线前加入 50 ml 酸性重铬酸钾溶液（3.14）可以稳定此溶液至少三个月。

3.16 汞：相当于 50 mg/L 汞的标准溶液。

将 25.0 ml 的汞标准溶液（3.15）转移至 500 ml 容量瓶内，用硝酸溶液（3.6）稀释至标线并混匀。

1.00 ml 此标准溶液含 50.0μg 汞，当天配制。

3.17 汞：相当于 1 mg/L 汞的标准溶液。

将 10.0 ml 汞标准溶液（3.16）置 500 ml 容量瓶内，用硝酸溶液（3.6）稀释至标线并混匀。

1.00 ml 此标准溶液含 1.00μg 汞，临用前配制。

4 仪器

所有玻璃器皿在两次操作之间不应让其干燥，而应充满硝酸溶液（3.6），临用前倾出硝酸溶液，再用水（3.1）冲洗干净。

第一次使用的玻璃器皿应预先进行下述处理：

用 1＋1 硝酸溶液浸泡过夜；

临用前配制下列混合液：4 份体积硫酸（3.4）加 1 份体积高锰酸钾溶液（3.7）。用这种混合液清洗；

用盐酸羟胺溶液（3.9）清洗，以除去所有沉积的二氧化锰；

最后用水（3.1）冲洗数次。

常用实验室设备即：

4.1 500 ml 锥形瓶：具磨口玻璃塞。

4.2 500 ml 及 600 ml 分液漏斗：活塞上不得使用油性润滑剂。

4.3 水浴锅。

4.4 分光光度计。

5 采样与样品

5.1 实验室样品

每采集 1 000 ml 水样后立即加入约 7 ml 硝酸（3.5），调节每个样品的 pH 值，使之低于或等于 1。

若取样后不能立即进行测定，向每升样品中加入高锰酸钾溶液（3.7）4 ml，或者必要时再多加一些，使其呈现持久的淡红色。样品贮存于硼硅玻璃瓶中。

注：记录样品的体积和加入的试剂体积，以便在空白试验中按同样量操作，计算结果时也可使用这些量。注意在样品和空白试验中使用同样的试剂。

5.2 试样

向整个样品（5.1）中加入盐酸羟胺溶液（3.9），使所有二氧化锰完全溶解，然后立即取两份试样，每份 250 ml，取时应仔细，使得到溶解部分和悬浮部分均具有代表性的试样，然后立即按 6.2 进行测定。第二份试样用于制备校核试验（6.4）中使用的试份（D）。

注：如样品中含汞或有机物的浓度较高，试样体积可以减小。

6 步骤

6.1 校准

取 6 个 500 ml 锥形瓶（4.1），分别加入临用前配制的汞标准溶液（3.17）0、0.50、1.00、2.50、5.00、10.00 ml，加入水（3.1）至 250 ml。然后完全按照测定试验的步骤（见 6.2.1 和 6.2.2）立即对每一种标准溶液进行处理。

最后分别以测定的各吸光度减去试剂空白（零浓度）的吸光度后，和对应的汞含量绘制校准曲线。

6.2 测定

6.2.1 消解

将试样（5.2）或已经稀释成 250 ml 的部分待测试样（其中含汞不超过 10μg），放入锥形瓶（4.1）中，小心地加入 10 ml 硫酸（3.4）和 2.5 ml 硝酸（3.5），每次加后均混合之。

加入 15 ml 高锰酸钾溶液（3.7），如果不能在 15 min 内维持深紫色，则混合后再加 15 ml 高锰酸钾溶液（3.7）以使颜色能持久，然后加入 8 ml 过硫酸钾溶液（3.8），并在水浴上加热 2 h*，温度控制在 95℃。冷却至约 40℃。

将第 2 个用于校核试验（6.4）的试份（D）保存起来，然后继续第 1 个试份的测定。

加入盐酸羟胺溶液（3.9）还原过剩的氧化剂，直至溶液的颜色刚好消失和所有锰的氧化物都溶解为止，开塞放置 5～10 min。将溶液转移至 500 ml 分液漏斗中，以少量水（3.1）洗锥形瓶两次，一并移入分液漏斗中。

注：如加入 30 ml 高锰酸钾溶液还不足以使颜色持久，则需要或者减小试样体积，或者考虑改用其他消解方法，在这种情况下，本方法就不再适用了。

6.2.2 萃取和测定

分别向各份消解液加入 1 ml 亚硫酸钠溶液（3.10），混匀后，再加入 10.0 ml 双硫腙氯仿溶液（3.12），

---

* 含悬浮物和（或）有机物较少的水可把加热时间缩短为 1 h；不含悬浮物的较清洁水可把加热时间缩短为 30 min。

缓缓旋摇并放气，再密塞振摇 1 min，静置分层。

将有机相转入已盛有 20 ml 双硫腙洗脱液（3.13）的 60 ml 分液漏斗（4.2）中，振摇 1 min，静置分层。必要时再重复洗涤 1～2 次，直至有机相不带绿色。

用滤纸吸去分液漏斗放液管内的水珠，塞入少许脱脂棉，将有机相放入 20 mm 比色皿中，在 485 nm 波长下，以氯仿（3.3）作参比测吸光度。

以试份的吸光度减去空白试验（6.3）的吸光度后，从校准曲线（6.1）上查得汞含量。

6.3 空白试验

按 6.2.1 和 6.2.2 的规定进行空白试验，用水（3.1）代替试样，并加入与测定时相同体积的试剂。应把采样时加的试剂量考虑在内（见第 5 章注）。

当测定在接近检出限的浓度下进行时，必须控制空白试验的吸光度不超过 0.01 单位。如超过 0.01 单位，检查所用纯水、试剂和器皿等，换掉含汞量较高的试剂和（或）水并重新配制，或对沾污的器皿重新处理，以确保测定值有意义。

6.4 校核试验

向 6.2.1 中保留的第 2 个试份（D）中加入已知体积的汞标准溶液（3.17）。如果汞浓度太高，则取用试份的一部分，按 6.2.1 最后一段及 6.2.2 的规定，重复进行操作，以确定有无干扰影响。

7 结果的表示

7.1 计算方法

总汞含量 c_1（μg/L）按式（1）计算：

$$c_1=\frac{m}{V}\cdot 1\,000 \qquad (1)$$

式中：m——试份测得含汞量，μg；

V——测定用试样体积，ml。

如果考虑采样时加入的试剂体积，则应按式（2）计算：

$$c_2=\frac{m\cdot 1\,000}{V_0}\cdot\frac{V_1+V_2+V_3}{V_1} \qquad (2)$$

式中：m——试份测得含汞量，μg；

V_0——测定用试样体积，ml；

V_1——采集的水样体积，ml；

V_2——水样加硝酸体积，ml；

V_3——水样加高锰酸钾溶液体积，ml。

结果以两位小数表示。

7.2 精密度与准确度

4 个实验室测定含汞 5.0μg/L 的统一分发标准溶液结果如下：

7.2.1 重复性

各实验室的室内相对标准偏差分别为 1.0%、1.1%、3.6%和 4.7%。

7.2.2 再现性

实验室间相对标准偏差为 6%。

7.2.3 准确度

相对误差为－6%。

附 录 A
本标准一般说明
（参考件）

A.1 氯仿和四氯化碳萃取双硫腙汞均为理想的溶剂。但由于双硫腙铜在四氯化碳和氯仿中的提取常数前者较大，且四氯化碳对人体的毒性较大，因此用氯仿作萃取溶剂较好。

A.2 氯仿在贮存过程中常会生成光气，它会使双硫腙生成氧化产物，不仅失去与汞螯合的功能，还溶于氯仿（不能被双硫腙洗脱液除去）显深黄颜色，用分光光度计测定时有一定吸光度。故所用氯仿应预重蒸馏精制，加乙醇作保护剂，充满经过处理（见正文第 4 章）并干燥的棕色试剂瓶中（少留空间），避光避热密闭保存。

A.3 用盐酸羟胺还原实验室样品中的高锰酸钾时，二氧化锰沉淀溶解，使所吸附的汞返回溶液中，以便均匀取出试样。消解后亦按上述同样操作。应注意在此操作中，所加盐酸羟胺勿过量，并且随即继续以后的操作，切勿长时间放置，以防在还原状态下汞挥发损失。

A.4 用双硫腙氯仿溶液萃取汞时，试份的 pH 值小于 1 时干扰很少。在 250 ml 试样中加入 5 ml 硫酸时，硫酸的浓度为 0.45 mol/L，经计算其 pH 值为 0.92。试验证明每 250 ml 试样中分别加 5、10、15 或 20 ml 硫酸对测定没有影响。

A.5 多数资料报道，双硫腙汞对光敏感，因此强调要避光或在半暗室里操作，或加入乙酸防止双硫腙汞见光分解。也有资料报道“采用不纯的双硫腙时双硫腙汞见光分解很快，而采用纯的双硫腙时，双硫腙汞可在室内光线下稳定几小时以上”。因此，双硫腙的纯化对提高双硫腙汞的稳定性以至分析的准确度是很重要的。

A.6 双硫腙洗脱液有用氨水配制的，是为了去除铜的干扰。但氨水的挥发性大，微溶于有机相而容易出现“氨雾”，影响比色。改用 0.2 mol/L 氢氧化钠－1%（*m*/*V*）EDTA 二钠溶液作为双硫腙洗脱液，就不会出现这种现象而比较理想，但应注意必须使用含汞量很少的优级纯氢氧化钠。

A.7 分液漏斗的活塞若涂抹凡士林防漏，凡士林溶于氯仿可引进正误差；若不涂抹凡士林，则萃取液易漏溅而引入负误差。为此，可改用非油性润滑剂（溶于水，不够理想），或改为直接在锥形瓶（4.1）中振摇萃取（先缓缓旋摇并多次启塞放气，再密塞振摇）后，倾去大部分水分，转移入具塞比色管内分层，用抽气泵吸出水相。以后洗脱过剩双硫腙的操作亦可很方便地在比色管中同样进行。实践证明，这样操作不仅省时省力，还减少了用分液漏斗反复转移溶液而引进的误差。

A.8 鉴于汞的毒性，双硫腙汞的氯仿溶液切勿丢弃，经加入浓硫酸处理以破坏有机物，并与其他杂质一起随水相分离后，用氧化钙中和残存于氯仿中的硫酸并去除水分，将氯仿重蒸回收。含汞废液可加入氢氧化钠溶液中和至呈微碱性，再于搅拌下加入硫化钠溶液至氢氧化物完全沉淀为止，沉淀物予以回收或进行其他处理。

附加说明：

本标准由国家环境保护局规划标准处提出。

本标准由安徽省环境监测中心站负责起草。

本标准主要起草人郑宋。

本标准由中国环境监测总站负责解释。

中华人民共和国国家标准

水质　铅的测定
双硫腙分光光度法

UDC 614.777：543.
42：546.815
GB 7470—87

Water quality—Determination of lead—Spectrophotometric method with dithizone

国家技术监督局 1987-03-14 批准　　　　1987-08-01 实施

1　适用范围

本标准适用于测定天然水和废水中微量铅。测定铅浓度在 0.01～0.30 mg/L 之间。铅浓度高于 0.30 mg/L，可对样品作适当稀释后再进行测定。

1.1　检出限：当使用光程长为 10 mm 比色皿，试份体积为 100 ml，用 10 ml 双硫腙萃取时，最低检出浓度可达 0.010 mg/L。

1.2　灵敏度：用四氯化碳萃取，在最大吸光波长 510 nm 测量时，其摩尔吸光系数约为 6.7×10^4 L/mol·cm。

2　定义

本标准规定水样经酸消解处理后，测得水样中的总铅量。

3　原理

在 pH 为 8.5～9.5 的氨性柠檬酸盐-氰化物的还原性介质中，铅与双硫腙形成可被氯仿萃取的淡红色的双硫腙铅螯合物，萃取的氯仿混色液，于 510 nm 波长下进行光度测量，从而求出铅的含量，其反应式为：

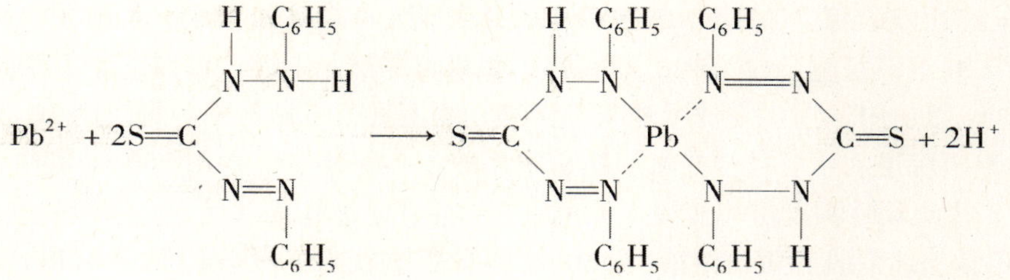

4　试剂

本标准所用试剂除另有说明外，均为公认的分析纯试剂。所有试剂，特别是缓冲溶液应不含铅。试验中应使用不含铅的蒸馏水或去离子水。

4.1　氯仿（$CHCl_3$）。

4.2　高氯酸（$HClO_4$）：$\rho=1.67$ g/ml，优级纯。

4.3　硝酸（HNO_3）：$\rho=1.42$ g/ml。

4.3.1　硝酸：1＋4 溶液。

取 200 ml 硝酸（4.3）用水稀释到 1 000 ml。

4.3.2 硝酸：0.2%（*V*/*V*）溶液。

取 2 ml 硝酸（4.3）用水稀释到 1 000 ml。

4.4 盐酸：0.5 mol/L 溶液。

取 42 ml 盐酸（ρ＝1.19 g/ml）用水稀释到 1 000 ml。

4.5 氨水（$NH_3 \cdot H_2O$）：ρ＝0.90 g/ml。

4.5.1 氨水：1＋9 溶液。

取 10 ml 氨水（4.5）用水稀释到 100 ml。

4.5.2 氨水：1＋100 溶液。

取 10 ml 氨水（4.5）用水稀释到 1 000 ml。

4.6 柠檬酸盐-氰化钾还原性溶液。

将 400 g 柠檬酸氢二铵［$(NH_4)_2HC_6H_5O_7$］、20 g 无水亚硫酸钠（Na_2SO_3）、10 g 盐酸羟胺（$NH_2OH \cdot HCl$）和 40 g 氰化钾（KCN）溶解在水中，并稀释到 1 000 ml，将此溶液和 2 000 ml 氨水（4.5）混合（此溶液不可用嘴吸取）。若此溶液含有微量铅，则应用双硫腙专用溶液（4.13）萃取，直到有机层为纯绿色。再用纯氯仿（4.1）萃取 4～5 次以除去残留的双硫腙。

注：因氰化钾是剧毒药品，因此称量和配制溶液时要特别谨慎小心，萃取时要带胶皮手套，避免沾污皮肤。

4.7 亚硫酸钠溶液。

将 5 g 无水亚硫酸钠（Na_2SO_3）溶解在 100 ml 无铅去离子水中。

4.8 碘溶液：0.05 mol/L。

将 40 g 碘化钾（KI）溶解在 25 ml 去离子水中，加入 12.7 g 升华碘，然后用水稀释到 1 000 ml。

4.9 铅标准贮备溶液。

将 0.159 9 g 硝酸铅［$Pb(NO_3)_2$］（纯度≥99.5%）溶解在约 200 ml 水中。加入 10 ml 硝酸（4.3）后用水稀释到 1 000 ml 标线［或将 0.100 0 g 纯金属铅（纯度≥99.9%）溶解在 20 ml1＋1 硝酸中，然后用水稀释到 1 000 ml 标线］。此溶液每毫升含 100μg 铅。

4.10 铅标准工作溶液。

取 20 ml 铅标准贮备溶液（4.9）置于 1 000 ml 容量瓶中，用水稀释到标线，摇匀，此溶液每毫升含 2.00μg 铅。

4.11 双硫腙贮备溶液。

称取 100 mg 纯净双硫腙（$C_6H_5NNCSNHNHC_6H_5$）溶于 1 000 ml 氯仿（4.1）中，贮于棕色瓶中放置在冰箱内备用，此溶液每毫升含 100μg 双硫腙。如双硫腙试剂不纯，可按下述步骤提纯：称取 0.5 g 双硫腙溶于 100 ml 氯仿中，用定量滤纸滤去不溶物，滤液置分液漏斗中，每次用 20 ml 氨水（4.5.2）提取五次，此时双硫腙进入水层，合并水层然后用盐酸（4.4）中和。再用 250 ml 氯仿（4.1）分三次提取，含并氯仿层，将此双硫腙氯仿溶液放入棕色瓶中，保存于冰箱内备用。此溶液的准确浓度可按下述方法测定：取一定量上述双硫腙氯仿溶液，置 50 ml 容量瓶中以氯仿稀释定容，然后将此溶液置于 10 mm 光程的比色皿中，于 606 nm 波长测量其吸光度，将此吸光度被除以摩尔吸光系数 4.06×10^4 L/mol・cm 即可求得双硫腙的准确浓度。

4.12 双硫腙工作溶液。

取 100 ml 双硫腙贮备溶液（4.11）置 250 ml 容量瓶中，用氯仿稀释到标线。此溶液每毫升含 40μg 双硫腙。

4.13 双硫腙专用溶液。

将 250 mg 双硫腙溶解在 250 ml 氯仿中。此溶液不需要纯化，因为用它萃取的所有萃取液都将弃去。

5 仪器

所用玻璃仪器，包括样品容器，在使用前需用硝酸清洗，并用自来水和无铅蒸馏水冲洗洁净。
5.1 分光光度计。
5.2 pH 计。
5.3 150、250 ml 分液漏斗。

6 采样和样品

6.1 实验室样品

按照国家标准的有关规定进行采集。水样采集后，每 1 000 ml 水样立即加入 2.0 ml 硝酸（4.3）加以酸化（pH 约为 1.5），加入 5 ml 碘溶液（4.8）以避免挥发性有机铅化合物在水样处理和消化过程中损失。

6.2 试样。

除非证明试样的消化处理是不必要的，例如不含悬浮物的地下水和清洁的地面水可直接测定。否则要按下述两种情况进行预处理：

6.2.1 比较浑浊的地面水，每 100 ml 试样加入 1 ml 硝酸（4.3），置于电热板上微沸消解 10 min。冷却后用快速滤纸过滤，滤纸用硝酸（4.3.2）洗涤数次，然后用硝酸（4.3.2）稀释到一定体积，供测定用。

6.2.2 含悬浮物和有机物较多的地面水或废水，每 100 ml 试样（含铅量≥1μg）加入 5 ml 硝酸（4.3），在电热板上加热消解到 10 ml 左右，稍冷却，再加入 5 ml 硝酸（4.3）和 2 ml 高氯酸（4.2）（注意：严禁将高氯酸加到含有还原性有机物的热溶液中，只有预先用硝酸加热处理后才能加入高氯酸，否则会引起强烈爆炸），继续加热消解，蒸发至近干（但勿蒸干）。冷却后，用硝酸（4.3.2）温热溶解残渣，再冷却后，用快速滤纸过滤，滤纸用硝酸（4.3.2）洗涤数次，滤液用硝酸（4.3.2）稀释定容，供测定用。每分析一批试样要平行操作两个空白试验。

6.3 试份。

过量干扰物的消除：铋、锡和铊的双硫腙盐与双硫腙铅的最大吸收波长不同，在 510 nm 和 465 nm 分别测量试份的吸光度，可以检查上述干扰是否存在。从每个波长位置的试份吸光度中扣除同一波长位置空白试验的吸光度，计算出试份吸光度的校正值。计算 510 nm 处吸光度校正值与 465 nm 处吸光度校正值的比值。吸光度校正值的比值对双硫腙铅盐为 2.08，而对双硫腙铋盐为 1.07。如果分析试份时求得的比值明显小于 2.08，即表明存在干扰，这时需另取 100 ml 试样（6.2）并按以下步骤处理：对未经消化的试样，加入 5 ml 亚硫酸钠溶液（4.7）以还原残留的碘，根据需要，在 pH 计上，用硝酸（4.3.1）或氨水（4.5.1）将试样的 pH 调为 2.5，将试样转入 250 ml 分液漏斗中，用双硫腙专用溶液（4.13）至少萃取三次，每次用 10 ml，或者萃取到氯仿层呈明显的绿色。然后用氯仿（4.1）萃取，每次用 20 ml，以除去双硫腙（绿色消失）。水相备作测定用。

7 步骤

7.1 测定

7.1.1 显色萃取

向试份（含铅量不超过 30μg，最大体积不大于 100 ml）加入 10 ml 硝酸（4.3.1）和 50 ml 柠檬酸盐-氰化钾还原性溶液（4.6），摇匀后冷却到室温，加入 10 ml 双硫腙工作溶液（4.12），塞紧后，剧烈摇动分液漏斗 30 s，然后放置分层。

7.1.2 吸光度的测量

在分液漏斗的茎管内塞入一小团无铅脱脂棉花，然后放出下层有机相，弃去 1～2 ml 氯仿层后，再注入 10 mm 比色皿中，在 510 nm 测量萃取液的吸光度，测量前用双硫腙工作溶液（4.12）将仪器调零（注意：第一次采用本方法时应检验最大吸光度波长，以后的测定中均使用此波长），由测量所得吸光度扣除空白试验吸光度再从校准曲线上查出铅量。然后按 8.1 的公式计算样品中铅的含量。

7.2 空白试验。

按 6.3 和 7.1 的方法进行处理，但用无铅水代替试份，其他试剂用量均相同。

7.3 校准。

7.3.1 制备一组校准溶液：向一系列 250 ml 分液漏斗中，分别加入铅标准工作溶液（4.10）0、0.50、1.00、5.00、7.50、10.00、12.50、15.00 ml，各加适量无铅去离子水以补充到 100 ml，然后按 7.1 所述步骤进行操作。

7.3.2 校准曲线的绘制：从上述测得吸光度扣除试剂空白（零浓度）的吸光度后，绘制 10 mm 比色皿光程的吸光度对铅量的曲线。这条线应为通过原点的直线。

7.3.3 定期检查校准曲线，特别当每次使用一批新试剂时要检查。

8 结果的表示

8.1 计算方法。

样品中铅的浓度 c（mg/L）按下式计算：

$$c=\frac{m}{V}$$

式中：m——从校准曲线上求得铅量，μg；

V——用于测定的试样体积，ml。

8.2 报告结果。

结果最多以两位有效数字表示。

9 精密度和准确度

对河水中含铅 0.010 mg/L 进行测定时，相对标准偏差为 6.8%，相对误差为－1.4%，当铅含量为 0.026 mg/L 时，测定的相对标准偏差为 4.8%，相对误差为 15%。

附加说明：

本标准由国家环境保护局规划标准处提出。

本标准由中国科学院环境化学研究所负责起草。

本标准主要起草人洪水皆。

本标准由中国环境监测总站负责解释。

中华人民共和国国家标准

水质　镉的测定
双硫腙分光光度法

UDC 614.777：543.
42：546.48
GB 7471—87

Water quality—Determination of cadmium—Spectrophotometric method with dithizone

国家环境保护局 1987-03-14 批准　　1987-08-01 实施

1　适用范围

1.1　测定的物质：本标准规定了用双硫腙分光光度法测定水和废水中的镉。

1.2　样品类型：本标准适用于测定天然水和废水中微量镉。

有关干扰问题见附录 A。

1.3　范围：本方法适用于测定镉的浓度范围在 1～50μg/L 之间，镉的浓度高于 50μg/L 时，可对样品作适当稀释后再进行测定。

1.4　检出限：当使用光程长为 20 mm 比色皿，试份体积为 100 ml 时，检出限为 1μg/L。

1.5　灵敏度：本方法用氯仿萃取，在最大吸光波长 518 nm 测量时，其摩尔吸光系数为 8.56×10^4 L/mol·cm。

2　定义

本标准规定水样经酸消解处理后，测得水样中的总镉量。

3　原理

在强碱性溶液中，镉离子与双硫腙生成红色络合物，用氯仿萃取后，于 518 nm 波长处进行分光光度测定，从而求出镉的含量，其反应式如下：

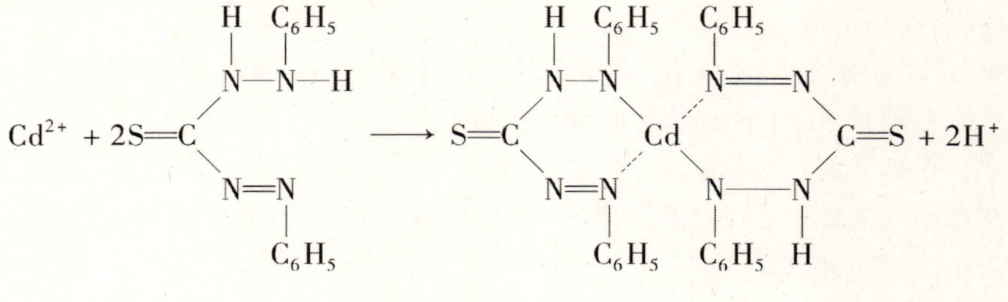

4　试剂

本标准所用试剂除另有说明外，均为分析纯试剂。试验中均应用不含镉的水或同等纯度的去离子水配制所有的试液和溶液。

无镉水，用全玻璃蒸馏器对一般蒸馏水进行重蒸馏。

4.1　硝酸（HNO_3）：ρ＝1.4 g/ml。

4.1.1 硝酸：2%（*V*/*V*）溶液。

取 20 ml 硝酸（4.1）用水稀释到 1 000 ml。

4.1.2 硝酸：0.2%（*V*/*V*）溶液。

取 2 ml 硝酸（4.1）用水稀释到 1 000 ml。

4.2 盐酸（HCl）：ρ＝1.18 g/ml。

4.2.1 盐酸：6 mol/L 溶液。

取 500 ml 盐酸（4.2）用水稀释到 1 000 ml。

4.3 氨水（$NH_3 \cdot H_2O$）：ρ＝0.90 g/ml。

4.3.1 氨水：1＋100 溶液。

取 10 ml 氨水（4.3）用水稀释到 1 000 ml。

4.4 高氯酸（$HClO_4$）：ρ＝1.75 g/ml。

4.5 氯仿（$CHCl_3$）。

4.6 氢氧化钠（NaOH）：6 mol/L 溶液。

溶解 240 g 氢氧化钠于煮沸放冷的水中并稀释到 1 000 ml。

4.7 盐酸羟胺：20%（*m*/*V*）溶液。

称取 20 g 盐酸羟胺（$NH_2OH \cdot HCl$）溶于水中并稀释至 100 ml。

4.8 40%氢氧化钠-1%氰化钾溶液。

称取 400 g 氢氧化钠和 10 g 氰化钾（KCN）溶于水中并稀释至 1 000 ml，贮存于聚乙烯瓶中。

注：此溶液剧毒，因氰化钾是剧毒药品，因此称量和配制溶液时要特别小心，取时要戴胶皮手套，避免沾污皮肤。禁止用嘴通过移液管来吸取氰化钾溶液。

4.9 40%氢氧化钠-0.05%氰化钾溶液。

称取 400 g 氢氧化钠和 0.5 g 氰化钾溶于水中并稀释至 1 L，贮存于聚乙烯瓶中。

4.10 双硫腙：0.2%（*m*/*V*）氯仿贮备液。

称取 0.5 g 双硫腙（$C_{13}H_{12}N_4S$）溶于 250 ml 氯仿中，贮于棕色瓶中，放置在冰箱内。如双硫腙试剂不纯，可用下述步骤提纯：

称取 0.5 g 双硫腙溶于 100 ml 氯仿中，滤去不溶物，滤液置分液漏斗中，每次用 20 ml 氨水（4.3.1）提取五次，此时双硫腙进入水层，合并水层，然后用盐酸（4.2.1）中和，再用 250 ml 氯仿分三次提取，合并氯仿层，将此双硫腙氯仿溶液放入棕色瓶中，保存于冰箱内备用。

4.11 双硫腙：0.01%（*m*/*V*）氯仿溶液。

临用前将双硫腙溶液（4.10）用氯仿（4.5）稀释 20 倍。

4.12 双硫腙 0.002%氯仿溶液。

临用前将双硫腙氯仿溶液（4.11）用氯仿（4.5）稀释约 5 倍，稀释后溶液的透光率为（40±1）%（用 10 mm 比色皿，在波长 518 nm 处以氯仿调零测量）。

4.13 酒石酸钾钠：50%（*m*/*V*）溶液。

称取 100 g 四水酒石酸钾钠（$C_4H_4O_6KNa \cdot 4H_2O$）溶于水中，稀释至 200 ml。

4.14 酒石酸：2%（*m*/*V*）溶液。

称取 20 g 酒石酸（$C_4H_6O_6$）溶于水中，稀释至 1 L，贮于冰箱内。

4.15 镉标准贮备溶液。

称取 0.100 0 g 金属镉（Cd，99.9%）于 100 ml 烧杯中，加 10 ml 盐酸（4.2.1）及 0.5 ml 硝酸（4.1），温热至完全溶解，定量移入 1 000 ml 容量瓶中，用水稀释至标线，此溶液每毫升含 100μg 镉，贮存在聚乙烯瓶中。

4.16 镉标准溶液。

吸取 5.00 ml 镉标准贮备溶液（4.15）放入 500 ml 容量瓶中，加入 5 ml 盐酸（4.2），再用水稀释至标线，摇匀，贮存于聚乙烯瓶中，此溶液每毫升含 1.00μg 镉。

4.17 百里酚蓝：0.1%（m/V）溶液。

溶解 0.10 g 百里酚蓝于 100 ml 乙醇中。

5 仪器

所用玻璃器皿，包括取样瓶，在使用前应先用盐酸溶液（4.2.1）浸泡，然后用自来水和去离子水彻底冲洗洁净。

5.1 分光光度计：具 10 和 30 mm 光程比色皿。

5.2 分液漏斗：125 和 250 ml，最好带聚氟乙烯活塞。

6 采样和样品

6.1 实验室样品

按照国家标准规定及根据待测水的类型提出的特殊建议进行采样，采用聚乙烯瓶贮存样品。在使用前应先用硝酸溶液（4.1.1）浸泡 24 h，然后用去离子水冲洗干净。水样采集后，每 1 000 ml 水样立即加入 2.0 ml 硝酸（4.1）加以酸化（pH 约为 1.5）。

6.2 试样

除非证明水样的消化处理是不必要的，例如：不含悬浮物的地下水和清洁地面水可直接测定。否则要按下述两种情况进行预处理：

6.2.1 比较浑浊的地面水，每 100 ml 水样加入 1 ml 硝酸（4.1），置于电热板上微沸消解 10 min，冷却后用快速滤纸过滤，滤纸用硝酸（4.1.2）洗涤数次，然后用硝酸（4.1.2）稀释到一定体积，供测定用。

6.2.2 含悬浮物和有机质较多的地面水或废水，每 100 ml 水样加入 5 ml 硝酸（4.1），在电热板上加热，消解到 10 ml 左右，稍冷却，再加入 5 ml 硝酸（4.1）和 2 ml 高氯酸（4.4）后，继续加热消解，蒸至近干。冷却后用硝酸（4.1.2）温热溶解残渣，冷却后，用快速滤纸过滤，滤纸用硝酸（4.1.2）洗涤数次，滤液应用硝酸（4.1.2）稀释定容，供测定用。

每分析一批试样要平行做两个空白试验。

6.3 试份

吸取含 1～10μg 镉的适量试样（6.2）放入 250 ml 分液漏斗中，用水补充至 100 ml，加入 3 滴百里酚蓝乙醇溶液（4.17），用氢氧化钠溶液（4.6）或盐酸（4.2.1）调节到刚好出现稳定的黄色，此时溶液的 pH 值为 2.8，备作测定用。

7 步骤

7.1 测定

7.1.1 显色萃取

7.1.1.1 向试份（6.3）加入 1 ml 酒石酸钾钠溶液（4.13）、5 ml 氢氧化钠-氰化钾溶液（4.8）及 1 ml 盐酸羟胺溶液（4.7），每加入一种试剂后均需摇匀，特别是加入酒石酸钾钠溶液后须充分摇匀。

7.1.1.2 加入 15 ml 双硫腙氯仿溶液（4.11），振摇 1 min，此步骤应迅速进行操作。

7.1.1.3 打开分液漏斗塞子放气（不要通过转动下面的活塞放气）。将氯仿层放入第二套已盛有 25 ml 冷酒石酸溶液（4.14）的 125 ml 分液漏斗内，再用 10 ml 氯仿洗涤第一套分液漏斗，摇动 1 min 后，将氯仿层再放入第二套分液漏斗中，注意勿使水溶液进入第二套分液漏斗中。加入双硫腙以后，要立即进行以上两次萃取（双硫腙镉和被氯仿饱和的强碱长时间接触后会分解）。摇动第二套分液漏斗 2 min，然后弃去氯仿层。

7.1.1.4 加入 5 ml 氯仿（4.5）于第二套分液漏斗中，摇动 1 min，弃去氯仿层，分离越仔细越好。按次序加入 0.25 ml 盐酸羟胺溶液（4.7）和 15.0 ml 双硫腙氯仿溶液（4.12）及 5 ml 氢氧化钠-氰化钾溶液（4.9），立即摇动 1 min，待分层后，将氯仿层通过一小团洁净脱脂棉滤入 30 mm 比色皿中。

7.1.2 吸光度的测量

立即在 518 nm 的最大吸收波长处，以氯仿为参比测量氯仿层吸光度（注意第一次采用本方法时，应检验最大吸光度波长，以后的测定中均使用此波长），由测量所得吸光度扣除空白试验吸光度值后，从校准曲线上查出镉量，然后按 8.1 的公式计算样品中的镉的含量。

7.2 空白试验

按 6.3 和 7.1 的方法进行处理，但用 100 ml 蒸馏水代替试份。

7.3 校准

7.3.1 制备一组校准溶液：向一系列 250 ml 分液漏斗中分别加入镉标准溶液（4.16）0、0.25、0.50、1.00、3.00、5.00 ml，各加适量蒸馏水以补充到 100 ml，加入 3 滴百里酚蓝溶液（4.17），用氢氧化钠溶液（4.6）调节到刚好出现稳定的黄色，此时溶液 pH 为 2.8。

7.3.2 显色萃取：按 7.1.1 步骤进行操作。

7.3.3 吸光度的测量：按 7.1.2 步骤进行操作。

7.3.4 校准曲线的绘制：从 7.3.3 测得的吸光度扣除试剂空白（零浓度）的吸光度后，绘制 30 mm 比色皿光程的吸光度对镉量的曲线。这条校准线应为通过原点的直线。

7.3.5 定期检查校准曲线，特别在每次使用一批新试剂时要检查。

8 结果的表示

8.1 计算方法

样品中镉的浓度 c（mg/L）由下式计算：

$$c=\frac{m}{V}$$

式中：m——从校准曲线上求得镉量，μg；

V——用于测定的水样体积，ml。

结果以两位有效数字表示。

8.2 精密度和准确度

三个实验室分析含镉 0.020 mg/L 的统一分发的标准溶液，实验室内相对标准偏差为 1.6%，实验室总相对标准偏差为 1.4%，相对误差为 1.5%。

附　录　A
干扰物质
（补充件）

在此方法规定的条件下，天然水中正常存在的金属浓度不干扰测定。

分析水样中存在下列金属离子不干扰（以 mg/L）：铅 20，锌 30，铜 40，锰 4，铁 4。镁离子浓度达 20 mg/L 时，需要多加酒石酸钾钠掩蔽。

一般的室内光线不影响双硫腙镉的颜色。

附 录 B
本标准一般说明
（参考件）

B.1 在第一次萃取时双硫腙溶液要有足够的浓度，否则萃取不完全。

B.2 形成的双硫腙镉络合物在被氯仿所饱和的强碱中容易分解，要迅速将有机相放入事先准备好的第二套分液漏斗中。

B.3 冷酒石酸可以减轻碱同酒石酸反应所产生的热的影响，酒石酸贮冰箱中可延长使用时间。

B.4 气温较高时，氢氧化钠-氰化钾溶液配制后须放置一星期到十天后才使用，否则将会影响测定结果。

B.5 试剂空白值的高低与双硫腙的纯度有关，一般双硫腙必须经过提纯。测定时应以氯仿调零，从观察空白的吸光度以考查试剂纯度。

B.6 为消除硬水地区水样中 Mg^{2+} 的干扰，当取样体积为 100 ml 时，可用 2 ml 酒石酸钾钠溶液（4.13）掩蔽之。

B.7 如果水样中镉的含量高于 10μg，取样量可以改为 25 ml 或 50 ml。

附加说明：

本标准由国家环境保护局规划标准处提出。
本标准由中国科学院环境化学研究所负责起草。
本标准主要起草人洪水皆。
本标准由中国环境监测总站负责解释。

中华人民共和国国家标准

水质　铜、锌、铅、镉的测定 原子吸收分光光度法

UDC　614.777：543.422

GB 7475—87

Water quality—Determination of copper，zinc，lead and cadmium—Atomic absorption spectrometry

国家环境保护局 1987-03-14 批准　　　　1987-08-01 实施

本标准规定了测定水中铜、锌、铅、镉的原子吸收光谱法。

本标准分为两部分。第一部分为直接法，适用于测定地下水、地面水和废水中的铜、锌、铅、镉；第二部分为螯合萃取法，适用于测定地下水和清洁地面水中低浓度的铜、铅、镉。

1　定义

1.1　溶解的金属：未酸化的样品中能通过 0.45μm 滤膜的金属成分。

1.2　金属总量：未经过滤的样品经强烈消解后测得的金属浓度，或样品中溶解和悬浮的两部分金属浓度的总量。

2　采样和样品

2.1　用聚乙烯塑料瓶采集样品。采样瓶先用洗涤剂洗净，再在硝酸溶液（5.6）中浸泡，使用前用水冲洗干净。分析金属总量的样品，采集后立即加硝酸（5.1）酸化至 pH 1～2，正常情况下，每 1 000 ml 样品加 2 ml 硝酸（5.1）。

2.2　试样的制备

分析溶解的金属时，样品采集后立即通过 0.45μm 滤膜过滤，得到的滤液再按（2.1）中的要求酸化。

第一部分　直　接　法

3　适用范围

3.1　测定浓度范围与仪器的特性有关，表 1 列出一般仪器的测定范围。

表 1

元　素	浓度范围/（mg/L）
铜	0.05～5
锌	0.05～1
铅	0.2～10
镉	0.05～1

3.2 地下水和地面水中的共存离子和化合物在常见浓度下不干扰测定。但当钙的浓度高于 1 000 mg/L 时，抑制镉的吸收，浓度为 2 000 mg/L 时，信号抑制达 19%。铁的含量超过 100 mg/L 时，抑制锌的吸收。当样品中含盐量很高，特征谱线波长又低于 350 nm 时，可能出现非特征吸收。如高浓度的钙，因产生背景吸收，使铅的测定结果偏高。

4 原理

将样品或消解处理过的样品直接吸入火焰，在火焰中形成的原子对特征电磁辐射产生吸收，将测得的样品吸光度和标准溶液的吸光度进行比较，确定样品中被测元素的浓度。

5 试剂

除非另有说明，分析时均使用符合国家标准或专业标准的分析纯试剂、去离子水或同等纯度的水。

5.1 硝酸（HNO_3）：ρ＝1.42 g/ml，优级纯。

5.2 硝酸（HNO_3）：ρ＝1.42 g/ml，分析纯。

5.3 高氯酸（$HClO_4$）：ρ＝1.67 g/ml，优级纯。

5.4 燃料：乙炔，用钢瓶气或由乙炔发生器供给，纯度不低于 99.6%。

5.5 氧化剂：空气，一般由气体压缩机供给，进入燃料器以前应经过适当过滤，以除去其中的水、油和其他杂质。

5.6 1＋1 硝酸溶液。

用硝酸（5.2）配制。

5.7 1＋499 硝酸溶液。

用硝酸（5.1）配制。

5.8 金属贮备液：1.000 g/L。

称取 1.000 g 光谱纯金属，准确到 0.001 g，用硝酸（5.1）溶解，必要时加热，直至溶解完全，然后用水稀释定容至 1 000 ml。

5.9 中间标准溶液。

用硝酸溶液（5.7）稀释金属贮备液（5.8）配制，此溶液中铜、锌、铅、镉的浓度分别为 50.00、10.00、100.0 和 10.00 mg/L。

6 仪器

一般实验室仪器和：

原子吸收分光光度计及相应的辅助设备，配有乙炔-空气燃烧器；光源选用空心阴极灯或无极放电灯。仪器操作参数可参照厂家的说明进行选择。

注：实验用的玻璃或塑料器皿用洗涤剂洗净后，在硝酸溶液（5.6）中浸泡，使用前用水冲洗干净。

7 步骤

7.1 校准

7.1.1 参照表 2，在 100 ml 容量瓶中，用硝酸溶液（5.7）稀释中间标准溶液（5.9），配制至少 4 个工作标准溶液，其浓度范围应包括样品中被测元素的浓度。

7.1.2 测定金属总量时，如果样品需要消解，则工作标准溶液也按 7.6.3 中的步骤进行消解。

7.1.3 选择波长和调节火焰，按 7.6.4 的步骤测定。

表 2

中间标准溶液（5.9）加入体积/ml		0.50	1.00	3.00	5.00	10.0
工作标准溶液浓度/（mg/L）	铜	0.25	0.50	1.50	2.50	5.00
	锌	0.05	0.10	0.30	0.50	1.00
	铅	0.50	1.00	3.00	5.00	10.0
	镉	0.05	0.10	0.30	0.50	1.00

注：定容体积为 100 ml。

7.1.4　用测得的吸光度与相对应的浓度绘制校准曲线。

注：① 装有内部存储器的仪器，输入 1～3 个工作标准。存入一条校准曲线，测定样品时可直接读出浓度。

② 在测定过程中，要定期地复测空白和工作标准溶液，以检查基线的稳定性和仪器的灵敏度是否发生了变化。

7.2　试份

测定金属总量时，如果样品需要消解，混匀后取 100.0 ml 实验室样品置于 200 ml 烧杯中，接 7.6.3 继续分析。

7.3　空白试验

在测定样品的同时，测定空白。取 100.0 ml 硝酸溶液（5.7）代替样品，置于 200 ml 烧杯中，接 7.6.3 继续分析。

7.4　验证试验

验证实验是为了检验是否存在基体干扰或背景吸收。一般通过测定加标回收率判断基体干扰的程度，通过测定特征谱线附近 1 nm 内的一条非特征吸收谱线处的吸收可判断背景吸收的大小。根据表 3 选择与特征谱线对应的非特征吸收谱线。

表 3

元　素	特征谱线/nm	非特征吸收谱线/nm
铜	324.7	324（锆）
锌	213.8	214（氘）
铅	283.3	283.7（锆）
镉	228.8	229（氘）

7.5　去干扰试验

根据验证试验（7.4）的结果，如果存在基体干扰，用标准加入法测定并计算结果。如果存在背景吸收，用自动背景校正装置或邻近非特征吸收谱线法进行校正，后一种方法是从特征谱线处测得的吸收值中扣除邻近非特征吸收谱线处的吸收值，得到被测元素原子的真正吸收。此外，也可使用螯合萃取法或样品稀释法降低或排除产生基体干扰或背景吸收的组分。

7.6　测定

7.6.1　测定溶解的金属时，用 2.2 制备的试样，接 7.6.4 测定。

7.6.2　测定金属总量时，如果样品不需要消解，用实验室样品，按 7.6.4 进行测定。如果需要消解，用 7.2 中的试份进行分析。

7.6.3　加入 5 ml 硝酸（5.1），在电热板上加热消解，确保样品不沸腾，蒸至 10 ml 左右，加入 5 ml 硝酸（5.1）和 2 ml 高氯酸（5.3），继续消解，蒸至 1 ml 左右。如果消解不完全，再加入 5 ml 硝酸（5.1）和 2 ml 高氯酸（5.3），再蒸至 1 ml 左右。取下冷却，加水溶解残渣，通过中速滤纸（预先用酸洗）滤入 100 ml 容量瓶中，用水稀释至标线。

注：消解中使用高氯酸有爆炸危险，整个消解要在通风橱中进行。

7.6.4 根据表 4 选择波长和调节火焰，吸入硝酸溶液（5.7），将仪器调零。吸入空白、工作标准溶液或样品，记录吸光度。

表 4

元　素	特征谱线波长/nm	火焰类型
铜	324.7	乙炔-空气，氧化性
锌	213.8	乙炔-空气，氧化性
铅	283.3	乙炔-空气，氧化性
镉	228.8	乙炔-空气，氧化性

7.6.5 根据扣除空白吸光度后的样品吸光度，在校准曲线上查出样品中的金属浓度。

第二部分　螯合萃取法

8 适用范围

8.1 浓度测定范围与仪器的特性有关，表 5 列出了一般仪器的测定范围。

表 5

元　素	浓度范围/（μg/L）
铜	1～50
铅	10～200
镉	1～50

8.2 当样品的化学需氧量超过 500 mg/L 时，可能影响萃取效率。铁的含量不超过 5 mg/L，不干扰测定。如果样品中存在的某类络合剂，与被测金属形成的络合物比吡咯烷二硫代氨基甲酸铵的络合物更稳定，则应在测定前去除样品中的这类络合剂。

9 原理

吡咯烷二硫代氨基甲酸铵在 pH3.0 时与被测金属离子螯合后萃入甲基异丁基甲酮中，然后吸入火焰进行原子吸收光谱测定。

10 试剂

除非另有说明，分析时均使用符合国家标准或专业标准的分析纯试剂、去离子水或同等纯度的水。

10.1 甲基异丁基甲酮（$C_6H_{12}O$）。

10.2 氢氧化钠（NaOH，优级纯）溶液：100 g/L。

10.3 盐酸（HCl，ρ＝1.19 g/ml，优级纯）溶液：1＋49 溶液。

10.4 吡咯烷二硫代氨基甲酸铵（$C_5H_{12}N_2S_2$）溶液：2%。

将 2.0 g 吡咯烷二硫代氨基甲酸铵溶于 100 ml 水中，必要时在分液漏斗中用甲基异丁基甲酮进行纯化，加入等体积的甲基异丁基甲酮，摇动 30 s，分层后放出水相备用，弃去有机相。此溶液用时现配。

10.5 水饱和的甲基异丁基甲酮。

在分液漏斗中放入甲基异丁基甲酮和等体积的水，摇动 30 s，分层后弃去水相，留下有机相备用。

10.6 中间标准溶液

用硝酸溶液（5.7）稀释金属贮备液（5.8）配制。此溶液中铜、铅、镉的浓度分别为 0.500、2.00、0.50 mg/L。

11 仪器

同第 6 章。

12 步骤

12.1 校准

12.1.1 配制一个空白和至少 4 个工作标准溶液。空白为 100.0 ml 硝酸溶液（5.7），置于 200 ml 烧杯中。制备工作标准溶液时，参照表 6。准确吸取一定量的中间标准溶液（10.6）置于 200 ml 烧杯中，用硝酸溶液（5.7）稀释至 100 ml，按 12.4.1 和 12.4.2 继续分析。

表 6

中间标准溶液（10.6）加入体积/ml		0.50	1.00	2.00	5.00	10.0
工作标准溶液浓度/（mg/L）	铜	0.25	0.50	1.0	2.5	5.0
	铅	1.0	2.0	4.0	10.0	20.0
	镉	0.25	0.50	1.0	2.5	5.0

注：定容体积为 100 ml。

12.1.2 测定金属总量时，如果样品需要消解，则空白和工作标准溶液也要按 7.6.3 的步骤进行消解。但过滤时不是滤入 100 ml 容量瓶而是滤入 200 ml 烧杯中，用水定容到 100 ml。然后接 12.4.1 和 12.4.2 继续分析。

12.1.3 用扣除空白吸光度后的各工作标准的吸光度与对应的金属含量作图，绘制校准曲线。

12.2 试份

分析溶解的金属时，取 100.0 ml 2.2 中制备的试样。分析金属总量时，如果样品不需要消解，则取 100.0 ml 实验室样品，如果样品需要消解，则混匀后取 100.0 ml 实验室样品，按 7.6.3 的步骤消解，最后定容到 100 ml。以上三种样品置于 200 ml 烧杯中后，按 12.4.1 和 12.4.2 继续分析。

12.3 空白试验

在测定样品的同时，测定空白。取 100.0 ml 硝酸溶液（5.7）置于 200 ml 烧杯中，接 12.4.1 和 12.4.2 继续操作。如果样品需要消解，则空白也和样品一同先按 7.6.3 的步骤消解。

12.4 测定

12.4.1 用氢氧化钠溶液（10.2）和盐酸溶液（10.3）调空白、工作标准或试份的 pH 为 3.0（用 pH 计指示）。将溶液转入 200 ml 容量瓶中，加入 2 ml 吡咯烷二硫代氨基甲酸铵溶液（10.4），摇匀。加入 10 ml 甲基异丁基甲酮（10.1），剧烈摇动 1 min，静置分层后，小心地沿容量瓶壁加入水，使有机相上升到瓶颈中并达到吸样毛细管可以达到的高度。

注：① 如果单独测定铅，最佳萃取 pH 为 2.3±0.2。

② 样品中存在强氧化剂时，可能破坏吡咯烷二硫代氨基甲酸铵，萃取前应去除。

③ 有些金属离子和吡咯烷二硫代氨基甲酸铵的络合物不稳定，萃取操作时要避免日光直射和避开热源。

12.4.2 根据表 4 选择波长和调节火焰，吸入水饱和的甲基异丁基甲酮（10.5），将仪器调零。吸入空白、工作标准或试份的萃取有机相，记录吸光度。

12.4.3 根据扣除空白吸光度后的试份吸光度，从校准曲线上查出试份中的金属含量。

13　结果的表示

实验室样品中的金属浓度按下式计算：

$$c=\frac{W\times 1\,000}{V}$$

式中：c——实验室样品中的金属浓度，μg/L；

W——试份中的金属含量，μg；

V——试份的体积，ml。

报告结果时，要指明测定的是溶解的金属还是金属总量。

14　精密度

本方法的重复性和再现性列于表 7。

表 7

	参加实验室数目	质控样品配制浓度/（μg/L）	平均测定值/（μg/L）	重复测定标准偏差/（μg/L）	重复性/（μg/L）	再现测定标准偏差/（μg/L）	再现性/（μg/L）
直接法							
铜	7	100	96	5.9	17	6.6	19
铜	5	500	480	15	42	34	96
锌	8	100	99.9	2.4	6.8	3.1	8.8
锌	4	500	507	8.1	23	11	31
螯合萃取法							
铜	14	40	40.6	1.7	4.8	5.9	17
铅	6	50	49.9	1.8	5.1	2.8	7.9
镉	6	4.9	5.1	0.3	0.8	0.4	1.1

注：① 重复性（μg/L）=2.83×重复测定标准偏差（μg/L）。

② 再现性（μg/L）=2.83×再现测定标准偏差（μg/L）。

附　录　A
（参考件）

吡咯烷二硫代氨基甲酸铵-甲基异丁基甲酮萃取铜、铅、镉的 pH 范围如表 A1 所示。

表 A1

元　素	pH 范围
铜	＜0.1～8
铅	＜0.1～6
镉	1～6

附加说明：

本标准由国家环境保护局规划标准处提出。
本标准由北京市环境保护监测中心负责起草。
本标准主要起草人丁国斌。
本标准由中国环境监测总站负责解释。

中华人民共和国国家标准

水质　总砷的测定 二乙基二硫代氨基甲酸银分光光度法

UDC 614.777：543.42：546.19
GB 7485—87

Water quality—Determination of total arsenic—Silver diethyldithiocarbamate spectrophotom etric method

国家环境保护局 1987-03-14 批准　　　　1987-08-01 实施

本标准参照采用 ISO 6595《水质　总砷的测定　二乙基二硫代氨基甲酸银分光光度法》。

本标准根据我国实际情况对 ISO 6595 标准方法作如下主要修改：

a. 吸收液中的有机碱、麻黄碱或吡啶改为三乙醇胺。

b. 试份的预处理由高锰酸钾-过硫酸钾法改为直接测定和硝酸-硫酸加热消解法。

1　适用范围

1.1　本标准规定二乙基二硫代氨基甲酸银分光光度法测定水和废水中的砷。

当试样取最大体积 50 ml 时，本方法可测上限浓度为含砷 0.50 mg/L。用无砷水适当稀释试样，也可测定较高浓度的砷。

1.2　最低检出浓度

试样为 50 ml，用 10 mm 比色皿，可检测含砷 0.007 mg/L。

1.3　干扰

锑、铋干扰测定（参见附录 A）。铬、钴、铜、镍、汞、银以及铂，它们浓度高达 5 mg/L 时也不干扰测定。

2　定义

下列定义适用于本标准。

总砷：指单体形态、无机和有机化合物中砷的总量。

3　原理

锌与酸作用，产生新生态氢；在碘化钾和氯化亚锡存在下，使五价砷还原为三价；三价砷被初生态氢还原成砷化氢（胂）；用二乙基二硫代氨基甲酸银-三乙醇胺的氯仿液吸收胂，生成红色胶体银，在波长 530 nm 处，测量吸收液的吸光度。

4　试剂

除非另有说明，分析时均使用符合国家标准或专业标准的分析纯试剂和蒸馏水或同等纯度的水，试剂和水中砷的含量可忽略不计。

4.1　二乙基二硫代氨基甲酸银（$C_5H_{10}NS_2Ag$）。
4.2　三乙醇胺［$(HOCH_2CH_3)_3N$］。
4.3　氯仿（$CHCl_3$）。
4.4　无砷锌粒（10～20 目）。
4.5　盐酸（HCl）：ρ =1.19 g/ml。
4.6　硝酸（HNO_3）：ρ =1.40 g/ml。
4.7　硫酸（H_2SO_4）：ρ =1.84 g/ml。
4.8　硫酸溶液（1/2 H_2SO_4）：2 mol/L。
4.9　氢氧化钠（NaOH）溶液：2 mol/L，贮存在聚乙烯瓶中。
4.10　碘化钾（KI）溶液：150 g/L。

将 15 g 碘化钾（KI）溶于水中并稀释到 100 ml。贮存在棕色玻璃瓶中。此溶液至少一个月内是稳定的。

4.11　氯化亚锡溶液。

将 40g 氯化亚锡（$SnCl_2 \cdot 2H_2O$）溶于 40 ml 盐酸（4.5）中。溶液澄清后，用水稀释到 100 ml。加数粒金属锡保存。

4.12　硫酸铜溶液：150 g/L。

将 15 g 硫酸铜（$CuSO_4 \cdot 5H_2O$）溶于水中并稀释到 100 ml。

4.13　乙酸铅溶液：80 g/L。

将 8 g 乙酸铅［$(Pb(CH_3COO)_2 \cdot 3H_2O$］溶于水中并稀释到 100 ml。

4.14　乙酸铅棉花。

将 10 g 脱脂棉浸于 100 ml 乙酸铅溶液（4.13）中，浸透后取出风干。

4.15　吸收液

将 0.25 g 二乙基二硫代氨基甲酸银（4.1）用少量氯仿（4.3）溶成糊状，加入 2 ml 三乙醇胺（4.2），再用氯仿（4.3）稀释到 100 ml。用力振荡使尽量溶解。静置暗处 24 h 后，倾出上清液或用定性滤纸过滤。贮于棕色玻璃瓶中。贮存在冰箱中是稳定的。

4.16　砷标准溶液：100.0 mg/L。

将三氧化二砷（AS_2O_3）在硅胶上预先干燥至恒重，准确称量 0.132 0 g,溶于 5 ml 氢氧化钠溶液（4.9）中，溶解后加入 10 ml 硫酸溶液（4.8），转移至 1 000 ml 容量瓶中。用水稀释到刻度。

此标准溶液含砷 100.0μg/ml。

4.17　砷标准溶液：1.00 mg/L。

取 10.00 ml 砷标准溶液（4.16）于 1 000 ml 容量瓶中，用水稀释到刻度。

注：需特别注意本分析方法所用的砷，在溶液转移和处置中要特别小心，整个操作应在良好的通风环境中进行，并严防入口。

5　仪器

一般实验室仪器和：

5.1　分光光度计：10 mm 比色皿。
5.2　砷化氢发生装置，此仪器由下述部件组装而成：
5.2.1　砷化氢发生瓶：容量为 150 ml、带有磨口玻璃接头的锥形瓶。
5.2.2　导气管：一端带有磨口接头，并有一球形泡[内装乙酸铅棉花（4.14）]；一端被拉成毛细管，管口直径不大于 1 mm。

5.2.3 吸收管：内径为 8 mm 的试管，带有 5.0 ml 刻度。

注：吸收液柱高保持 8～10 cm。

6 测定步骤

6.1 试份

取 50 ml 试样于砷化氢发生瓶（5.2.1）中，如预料砷的含量超过 0.5 mg/L，取适量的试样，并用水稀释到 50 ml。

6.2 空白试验

在测定的同时应进行空白试验，所用试剂及其用量与在测定中所用的相同，包括任何预处理的步骤亦相同。但用 50 ml 水取代试份。

6.3 测定

6.3.1 预处理

除非证明试样的消解处理是不必要的，可直接制备试份（6.1），加入 4 ml 硫酸（4.7）进行显色（6.3.2）和测定（6.3.3），否则，要按下述步骤进行预处理：

于砷化氢发生瓶（5.2.1）中，加入 4 ml 硫酸（4.7）和 5 ml 硝酸（4.6）。在通风橱内煮沸消解至产生白色烟雾。如溶液仍不清澈，可再加 5 ml 硝酸（4.6），继续加热至产生白色烟雾，直至溶液清澈为止（其中可能存在乳白色或淡黄色酸不溶物）。冷却后，小心加入 25 ml 水，再加热至产生白色烟雾，赶尽氮氧化物，冷却后，加水使总体积为 50 ml。

注：在消解破坏有机物的过程中，勿使溶液变黑，否则砷可能有损失。

6.3.2 显色

6.3.2.1 于砷化氢发生瓶（6.3.1）中，加 4 ml 碘化钾（4.10），摇匀，再加 2 ml 氯化亚锡溶液（4.11），混匀，放置 15 min。

6.3.2.2 取 5.0 ml 吸收液（4.15）至吸收管（5.2.3）中，插入导气管（5.2.2）。

6.3.2.3 加 1 ml 硫酸铜溶液（4.12）和 4 g 无砷锌粒（4.4）于砷化氢发生瓶中，并立即将导气管与发生瓶连接，保证反应器密闭。

6.3.2.4 在室温下，维持反应 1 h，使胂完全释出。加氯仿（4.3）将吸收体积补足到 5.0 ml。

注：①砷化氢剧毒，整个反应应在通风橱内或通风良好的室内进行。

②在完全释放砷化氢后，红色生成物在 2.5 h 内是稳定的，应在此期间内进行分光光度测定。

6.3.3 光度测定

用 10 mm 比色皿，以氯仿（4.3）为参比液，在 530 nm 波长下测量吸收液（6.3.2.4）的吸光度，减去空白试验（6.2）所测得的吸光度，从校准曲线（6.4.3）上查出试份中的含砷量。

6.4 校准

6.4.1 标准工作溶液的制备

往 8 个砷化氢发生瓶（5.2.1）中，分别加入 0、1.00、2.50、5.00、10.00、15.00、20.00 及 25.00 ml 砷标准溶液（4.17），并用水加到 50 ml。

6.4.2 显色与测定

于上述砷化氢发生瓶中，分别加入 4 ml 硫酸（4.7），以下步骤按 6.3.2 和 6.3.3 进行。

6.4.3 校准曲线的绘制

减去试剂空白的吸光度，来修正对应的每个标准溶液的吸光度。以修正的吸光度为纵坐标，与之对应的标准溶液的砷含量（μg）为横坐标作图。

要经常绘制校准曲线，至少在每次使用新试剂时，要绘制一次。

7　结果的表示

7.1　计算方法

砷含量 c（mg/L）由下式计算：

$$c=\frac{m}{V}$$

式中：m——校准曲线查得的试份砷含量，μg；

V——试份体积，ml。

7.2　结果表示

7.2.1　取平行测定结果的算术平均值为测定结果。

7.2.2　报告砷的含量。根据有效数字的规则，结果以二位或三位有效数字表示。

7.3　精密度和准确度

7 个实验室分析含砷 0.100 mg/L 的统一分发标准溶液结果如下：

7.3.1　重复性

实验室内相对标准偏差为 2%。

7.3.2　再现性

实验室间相对标准偏差为 3%。

7.3.3　准确度

相对误差为－1%。

附 录 A
（补充件）

A.1 锑的干扰及其消除

锑盐在试验条件下，还原生成氢化物，又能与吸收液作用产生红色胶体银。试份中锑的含量大于 0.1 mg/L 时，干扰砷的测定。加入 2 ml 氯化亚锡溶液（4.11）和 5 ml 碘化钾溶液（4.10），可抑制 300μg 锑盐的干扰。如锑浓度很高，本方法不适用。

A.2 硝酸浓度为 0.01mol/L 时，开始有负干扰，故不适合作保存剂。若试份中有硝酸，分析前要加硫酸再加热分解之。

A.3 硫化物对测定有干扰，可通过乙酸铅棉花去除。若棉花变黑，应更换。

A.4 吸收液中的氯仿沸点较低，在吸收胂的过程中，易挥发损失，影响胂的吸收。当室温较高时，建议将发生瓶和吸收管降温，并不断补加氯仿于吸收管中，使之尽可能保持一定高度的液层。

A.5 锌粒的规格（粒度）对砷化氢的发生有影响，表面粗糙的锌粒还原效率高，规格以 10～20 目为宜，粒度较大，应适当增加用量。

A.6 夏天高温季节，还原反应激烈，可适当减少硫酸溶液（4.7）的用量，或将砷化氢发生瓶放入冷水中，使反应缓和。

附加说明：

本标准由国家环境保护局规划标准处提出。
本标准由中国环境监测总站负责起草。
本标准主要起草人滕恩江。
本标准由中国环境监测总站负责解释。

中华人民共和国国家标准

水质　溶解氧的测定　碘量法

UDC 614.777
: 543.242
: 3.546.21

Water quality—Determination of dissolved oxygen—Iodometric method

GB 7489—87

国家环境保护局 1987-03-14 批准　　　　1987-08-01 实施

本标准等效采用国际标准 ISO 5813—1983。本标准规定采用碘量法测定水中溶解氧，由于考虑到某些干扰而采用改进的温克勒（Winkler）法。

1　适用范围

碘量法是测定水中溶解氧的基准方法。在没有干扰的情况下，此方法适用于各种溶解氧浓度大于 0.2 mg/L 和小于氧的饱和浓度两倍（约 20 mg/L）的水样。易氧化的有机物，如丹宁酸、腐殖酸和木质素等会对测定产生干扰。可氧化的硫的化合物，如硫化物硫脲，也如同易于消耗氧的呼吸系统那样产生干扰。当含有这类物质时，宜采用电化学探头法。

亚硝酸盐浓度不高于 15 mg/L 时就不会产生干扰，因为它们会被加入的叠氮化钠破坏掉。

如存在氧化物质或还原物质，需改进测定方法，见第 8 章。

如存在能固定或消耗碘的悬浮物，本方法需按附录 A 中叙述的方法改进后方可使用。

2　原理

在样品中溶解氧与刚刚沉淀的二价氢氧化锰（将氢氧化钠或氢氧化钾加入到二价硫酸锰中制得）反应。酸化后，生成的高价锰化合物将碘化物氧化游离出等当量的碘，用硫代硫酸钠滴定法，测定游离碘量。

3　试剂

分析中仅使用分析纯试剂和蒸馏水或纯度与之相当的水。

3.1　硫酸溶液*

小心地把 500 ml 浓硫酸（$\rho = 1.84$ g/ml）在不停搅动下加入到 500 ml 水中。

3.2　硫酸溶液：c（$1/2H_2SO_4$）$= 2$ mol/L。

3.3　碱性碘化物-叠氮化物试剂。

注：当试样中亚硝酸氮含量大于 0.05 mg/L 而亚铁含量不超过 1 mg/L 时为防止亚硝酸氮对测定结果的干涉，需在试样中加叠氮化物，叠氮化钠是剧毒试剂。若已知试样中的亚硝酸盐低于 0.05 mg/L，则可省去此试剂。

a. 操作过程中严防中毒；

b. 不要使碱性碘化物-叠氮化物试剂（3.3）酸化，因为可能产生有毒的叠氮酸雾。

将 35 g 的氢氧化钠（NaOH）[或 50g 的氢氧化钾（KOH）] 和 30g 碘化钾（KI）[或 27g 碘化钠（NaI）]

---

* 若怀疑有三价铁的存在，则采用磷酸（H_3PO_4，$\rho = 1.70$ g/ml）。

溶解在大约 50 ml 水中。

单独地将 1 g 的叠氮化钠（NaN_3）溶于几毫升水中。

将上述两种溶液混合并稀释至 100 ml。

溶液贮存在塞紧的细口棕色瓶子里。

经稀释和酸化后，在有指示剂（3.7）存在下，本试剂应无色。

3.4 无水二价硫酸锰溶液：340 g/L（或一水硫酸锰 380 g/L 溶液）。

可用 450 g/L 四水二价氯化锰溶液代替。

过滤不澄清的溶液。

3.5 碘酸钾：c（$1/6KIO_3$）=10 mmol/L 标准溶液。

在 180℃干燥数克碘酸钾（KIO_3），称量 3.567±0.003 g 溶解在水中并稀释到 1 000 ml。

将上述溶液吸取 100 ml 移入 1 000 ml 容量瓶中，用水稀释至标线。

3.6 硫代硫酸钠标准滴定液：c（$Na_2S_2O_3$）≈10 mmol/L。

3.6.1 配制

将 2.5 g 五水硫代硫酸钠溶解于新煮沸并冷却的水中，再加 0.4 g 的氢氧化钠（NaOH），并稀释至 1 000 ml。

溶液贮存于深色玻璃瓶中。

3.6.2 标定

在锥形瓶中用 100～150 ml 的水溶解约 0.5 g 的碘化钾或碘化钠（KI 或 NaI），加入 5 ml 2mol/L 的硫酸溶液（3.2），混合均匀，加 20.00 ml 标准碘酸钾溶液（3.5），稀释至约 200 ml，立即用硫代硫酸钠溶液滴定释放出的碘，当接近滴定终点时，溶液呈浅黄色，加指示剂（3.7），再滴定至完全无色。

硫代硫酸钠浓度（c，mmol/L）由式（1）求出：

$$c=\frac{6\times 20\times 1.66}{V} \tag{1}$$

式中：V——硫代硫酸钠溶液滴定量，ml。

每日标定一次溶液。

3.7 淀粉：新配制 10 g/L 溶液。

注：也可用其他适合的指示剂。

3.8 酚酞：1 g/L 乙醇溶液。

3.9 碘：约 0.005 mol/L 溶液。

溶解 4～5 g 的碘化钾或碘化钠于少量水中，加约 130 mg 的碘，待碘溶解后稀释至 100 ml。

3.10 碘化钾或碘化钠。

4 仪器

除常用试验室设备外，还有：

4.1 细口玻璃瓶：容量在 250～300 ml 之间，校准至 1 ml，具塞温克勒瓶或任何其他适合的细口瓶，瓶肩最好是直的。每一个瓶和盖要有相同的号码。用称量法来测定每个细口瓶的体积。

5 步骤

5.1 当存在能固定或消耗碘的悬浮物，或者怀疑有这类物质存在时，按附录 A 叙述的方法测定，或最好采用电化学探头法测定溶解氧。

5.2　检验氧化或还原物质是否存在

如果预计氧化或还原剂可能干扰结果时，取 50 ml 待测水，加 2 滴酚酞溶液（3.8）后，中和水样。加 0.5 ml 硫酸溶液（3.2）、几粒碘化钾或碘化钠（3.10）（质量约 0.5 g）和几滴指示剂溶液（4.7）。

如果溶液呈蓝色，则有氧化物质存在。如果溶液保持无色，加 0.2 ml 碘溶液（3.9），振荡，放置 30 s。如果没有呈蓝色，则存在还原物质*。

有氧化物质存在时，按照 8.1 中规定处理。有还原物质存在时，按照 8.2 中规定处理。没有氧化或还原物时，按照 5.3、5.4、5.5 中规定处理。

5.3　样品的采集

除非还要作其他处理，样品应采集在细口瓶中（4.1）。测定就在瓶内进行。试样充满全部细口瓶。

注：在有氧化或还原物的情况下，需取两个试样（见 8.1.2.1 和 8.2.3.1）。

5.3.1　取地表水样

充满细口瓶至溢流，小心避免溶解氧浓度的改变。对浅水用电化学探头法更好些。

在消除附着在玻璃瓶上的气泡之后，立即固定溶解氧（见 5.4）。

5.3.2　从配水系统管路中取水样

将一惰性材料管的入口与管道连接，将管子出口插入细口瓶的底部（4.1）。

用溢流冲洗的方式充入大约 10 倍细口瓶体积的水，最后注满瓶子，在消除附着在玻璃瓶上的空气泡之后，立即固定溶解氧（见 5.4）。

5.3.3　不同深度取水样

用一种特别的取样器，内盛细口瓶（4.1），瓶上装有橡胶入口管并插入细口瓶的底部（4.1）。

当溶液充满细口瓶时将瓶中空气排出。避免溢流。某些类型的取样器可以同时充满几个细口瓶。

5.4　溶解氧的固定

取样之后，最好在现场立即向盛有样品的细口瓶中加 1 ml 二价硫酸锰溶液（3.4）和 2 ml 碱性试剂（3.3）。使用细尖头的移液管，将试剂加到液面以下，小心盖上塞子，避免把空气泡带入。

若用其他装置，必须小心保证样品氧含量不变。

将细口瓶上下颠倒转动几次，使瓶内的成分充分混合，静置沉淀最少 5 min，然后再重新颠倒混合，保证混合均匀。这时可以将细口瓶运送至实验室。

若避光保存，样品最长贮藏 24 h。

5.5　游离碘

确保所形成的沉淀物已沉降在细口瓶下三分之一部分。

慢速加入 1.5 ml 硫酸溶液（3.1）[或相应体积的磷酸溶液（见 3.1 注）]，盖上细口瓶盖，然后摇动瓶子，要求瓶中沉淀物完全溶解，并且碘已均匀分布。

注：若直接在细口瓶内进行滴定，小心地虹吸出上部分相应于所加酸溶液容积的澄清液，而不扰动底部沉淀物。

5.6　滴定

将细口瓶内的组分或其部分体积（V_1）转移到锥形瓶内。用硫代硫酸钠（3.6）滴定，在接近滴定终点时，加淀粉溶液（3.7）或者加其他合适的指示剂。

6　结果的表示

溶解氧含量 c_1（mg/L）由式（2）求出：

$$c_1 = \frac{M_r V_2 c f_1}{4V_1} \qquad (2)$$

---

* 进一步加碘溶液可以估价 8.2.3 中次氯酸钠溶液的加入量。

式中：M_r——氧的分子量，$M_r=32$；

V_1——滴定时样品的体积，ml，一般取 $V_1=100$ ml；若滴定细口瓶内试样，则 $V_1=V_0$；

V_2——滴定样品时所耗去硫代硫酸钠溶液（3.6）的体积，ml；

c——硫代硫酸钠溶液（3.6）的实际浓度，mol/L。

$$f_1=\frac{V_0}{V_0-V'} \tag{3}$$

式中：V_0——细口瓶（4.1）的体积，ml；

V'——二价硫酸锰溶液（3.4）（1 ml）和碱性试剂（3.3）（2 ml）体积的总和。

结果取一位小数。

7 再现性

分别在四个实验室内，自由度为 10，对空气饱和的水（范围在 8.5～9 mg/L）进行了重复测定，得到溶解氧的批内标准差在 0.03～0.05 mg/L 之间。

8 特殊情况

8.1 存在氧化性物质

8.1.1 原理

通过滴定第二个试验样品来测定除溶解氧以外的氧化性物质的含量，以修正第 6 章中得到的结果。

8.1.2 步骤

8.1.2.1 按照 5.3 中规定取两个试验样品。

8.1.2.2 按照 5.4、5.5、5.6 中规定的步骤测定第一个试样中的溶解氧。

8.1.2.3 将第二个试样定量转移至大小适宜的锥形瓶内，加 1.5ml 硫酸溶液（3.1）[或相应体积的磷酸溶液（见 3.1 注）]，然后再加 2 ml 碱性试剂（3.3）和 1 ml 二价硫酸锰溶液（3.4），放置 5 min。用硫代硫酸钠（3.6）滴定，在滴定快到终点时，加淀粉（3.7）或其他合适的指示剂。

8.1.3 结果表示

溶解氧含量 c_2（mg/L）由式（4）给出：

$$c_2=\frac{M_r V_2 c f_1}{4V_1}-\frac{M_r V_4 c}{4V_3} \tag{4}$$

式中：M_r，V_1，V_2，c 和 f_1 与第 6 章中含义相同；

V_3——盛第二个试样的细口瓶体积，ml；

V_4——滴定第二个试样用去的硫代硫酸钠的溶液（3.6）的体积，ml。

8.2 存在还原性物质

8.2.1 原理

加入过量次氯酸钠溶液，氧化第一和第二个试样中的还原性物质。测定一个试样中的溶解氧含量。测定另一个试样中过剩的次氯酸钠量。

8.2.2 试剂

在第 3 章中规定的试剂和：

8.2.2.1 次氯酸钠溶液：约含游离氯 4 g/L，用稀释市售浓次氯酸钠溶液的办法制备，用碘量法测定溶液的浓度。

8.2.3 步骤

8.2.3.1 按照 5.3 中规定取二个试样。

8.2.3.2　向这两个试样中各加入 1.00 ml（若需要可加入更多的准确体积）的次氯酸钠溶液（8.2.2.1）（见 5.2 注），盖好细口瓶盖，混合均匀。

一个试样按 5.4、5.5 和 5.6 中的规定进行处理，另一个按照 8.1.2.3 的规定进行。

8.2.4　结果的表示

溶解氧的含量 c_3（mg/L）由式（5）给出：

$$c_3=\frac{M_rV_2cf_2}{4V_1}-\frac{M_rV_4c}{4(V_3-V_5)} \tag{5}$$

式中：M_r，V_1，V_2 和 c 与第 6 章含义相同；

V_3 和 V_4 与 8.1.3 含义相同；

V_5——加入到试样中次氯酸钠溶液的体积，ml（通常 V_5＝1.00 ml）；

$$f_2=\frac{V_0}{V_0-V_5-V'} \tag{6}$$

式中：V' 与第 6 章含义相同；

V_0——盛第一个试验样品的细口瓶的体积，ml。

9　试验报告

试验报告包括下列内容：

a. 参考了本国家标准；

b. 对样品的精确鉴别；

c. 结果和所用的表示方法；

d. 环境温度和大气压力；

e. 测定期间注意到的特殊细节；

f. 本国家标准没有规定的或考虑可任选的操作细节。

附 录 A
含有固定或消耗碘的悬浮物时的修正法*
（参考件）

A.1 原理

用明矾将悬浮物絮凝，然后分离并排除这种干扰。

A.2 试剂

在第 3 章中规定的试剂，此外尚需：

A.2.1 十二水硫酸钾铝［$AlK(SO_4)_2 \cdot 12H_2O$］：

10%（*m*/*m*）溶液。

A.2.2 氨溶液：13 mol/L

ρ =0.91 g/ml。

A.3 步骤

将待测水充入容积约 1 000 ml 的具玻璃塞细口瓶中，直至溢出，操作时需遵照 5.3 中的有关注意事项。用移液管在液面下加 20 ml 硫酸钾铝溶液（A.2.1）和 4 ml 氨溶液（A.2.2），盖上细口瓶盖，将瓶子颠倒摇动几次使充分混合。待沉淀物沉降。将顶部清液虹吸至两个细口瓶（4.1）内。按 5.2 检验氧化还原物质的存在，再按 5.4、5.5 和 5.6 或 8.1 或 8.2 相应步骤进行测定。

A.4 结果的表示

含有固定或消耗碘的悬浮物时，溶解氧含量的校正因子按式（A1）计算：

$$F=\frac{V_6}{V_6-V''} \tag{A1}$$

式中：V_6——A.3 中用来采样的细口瓶体积，ml；

V'' ——硫酸钾铝溶液（A.2.1）（20ml）和氨溶液（A.2.2）（4 ml）的总体积。

附加说明：

本标准由国家环境保护局规划标准处提出。

本标准由北京建筑工程学院负责起草。

本标准主要起草人李献文。

本标准由中国环境监测总站负责解释。

---

* 在这种情况下，也推荐采用电化学探头法。

中华人民共和国国家标准

水质　高锰酸盐指数的测定

GB 11892—89

Water quality—Determination of permanganate index

国家环境保护局 1989-12-25 批准　　　　1990-07-01 实施

本标准参照采用国际标准 ISO 8467—1986《水质　高锰酸盐指数的测定》。

1　主题内容与适用范围

1.1　主题内容

本标准规定了测定水中高锰酸盐指数的方法。

1.2　适用范围

本标准适用于饮用水、水源水和地面水的测定，测定范围为 0.5～4.5 mg/L。对污染较重的水，可少取水样，经适当稀释后测定。

本标准不适用于测定工业废水中有机污染的负荷量，如需测定，可用重铬酸钾法测定化学需氧量。

样品中无机还原性物质如 NO_2^-、S^{2-}和 Fe^{2+}等可被测定。氯离子浓度高于 300 mg/L，采用在碱性介质中氧化的测定方法。

2　定义

高锰酸盐指数是反映水体中有机及无机可氧化物质污染的常用指标。定义为：在一定条件下，用高锰酸钾氧化水样中的某些有机物及无机还原性物质，由消耗的高锰酸钾量计算相当的氧量。

高锰酸盐指数不能作为理论需氧量或总有机物含量的指标，因为在规定的条件下，许多有机物只能部分地被氧化，易挥发的有机物也不包含在测定值之内。

3　原理

样品中加入已知量的高锰酸钾和硫酸，在沸水浴中加热 30 min，高锰酸钾将样品中的某些有机物和无机还原性物质氧化，反应后加入过量的草酸钠还原剩余的高锰酸钾，再用高锰酸钾标准溶液回滴过量的草酸钠。通过计算得到样品中高锰酸盐指数。

4　试剂

除另有说明，均使用符合国家标准或专业标准的分析纯试剂和蒸馏水或同等纯度的水，不得使用去离子水。

4.1　不含还原性物质的水：将 1 L 蒸馏水置于全玻璃蒸馏器中，加入 10 ml 硫酸（4.3）和少量高锰酸钾溶液（4.6.1），蒸馏。弃去 100 ml 初馏液，余下馏出液贮于具玻璃塞的细口瓶中。

4.2　硫酸（H_2SO_4）：密度（ρ_{20}）为 1.84 g/ml。

4.3　硫酸，1＋3 溶液：在不断搅拌下，将 100 ml 硫酸（4.2）慢慢加入到 300 ml 水中。趁热加入数滴高锰酸钾溶液（4.6.1）直至溶液出现粉红色。

4.4 氢氧化钠，500 g/L 溶液：称取 50 g 氢氧化钠溶于水并稀释至 100 ml。

4.5 草酸钠标准贮备液，浓度$C\left(\frac{1}{2}Na_2C_2O_4\right)$为0.100 0 mol/L：称取 0.670 5 g 经 120℃烘干 2 h 并放冷的草酸钠（$Na_2C_2O_4$）溶解水中，移入 100 ml 容量瓶中，用水稀释至标线，混匀，置 4℃保存。

4.6 草酸钠标准溶液，浓度$C_1\left(\frac{1}{2}Na_2C_2O_4\right)$为0.010 0 mol/L：吸取 10.00 ml 草酸钠贮备液（4.5）于 100 ml 容量瓶中，用水稀释至标线，混匀。

4.7 高锰酸钾标准贮备液，浓度$C_2\left(\frac{1}{5}KMnO_4\right)$约为0.1 mol/L：称取 3.2 g 高锰酸钾溶解于水并稀释至 1 000 ml。于 90～95℃水浴中加热此溶液 2 h，冷却。存放两天后，倾出清液，贮于棕色瓶中。

4.8 高锰酸钾标准溶液，浓度$C_3\left(\frac{1}{5}KMnO_4\right)$约为0.01 mol/L：吸取 100 ml 高锰酸钾标准贮备液（4.7）于 1 000 ml 容量瓶中，用水稀释至标线，混匀。此溶液在暗处可保存几个月，使用当天标定其浓度。

5 仪器

5.1 常用的实验室仪器和下列仪器。

5.2 水浴或相当的加热装置：有足够的容积和功率。

5.3 酸式滴定管，25 ml。

注：新的玻璃器皿必须用酸性高锰酸钾溶液清洗干净。

6 样品的保存

采样后要加入硫酸（4.3），使样品 pH 1～2 并尽快分析。如保存时间超过 6 h，则需置暗处，0～5℃下保存，不得超过 2 天。

7 分析步骤

7.1 吸取 100.0 ml 经充分摇动、混合均匀的样品（或分取适量，用水稀释至 100 ml），置于 250 ml 锥形瓶中，加入 5±0.5 ml 硫酸（4.3），用滴定管加入 10.00 ml 高锰酸钾溶液（4.8），摇匀。将锥形瓶置于沸水浴内 30±2 min（水浴沸腾，开始计时）。

7.2 取出后用滴定管加入 10.00 ml 草酸钠溶液（4.6）至溶液变为无色。趁热用高锰酸钾溶液（4.8）滴定至刚出现粉红色，并保持 30 s 不退。记录消耗的高锰酸钾溶液体积。

7.3 空白试验：用 100 ml 水代替样品，按步骤 7.1、7.2 测定，记录下回滴的高锰酸钾溶液（4.8）体积。

7.4 向空白试验（7.3）滴定后的溶液中加入 10.00 ml 草酸钠溶液（4.6）。如果需要，将溶液加热至 80℃。用高锰酸钾溶液（4.8）继续滴定至刚出现粉红色，并保持 30 s 不退。记录下消耗的高锰酸钾溶液（4.8）体积。

注：① 沸水浴的水面要高于锥形瓶内的液面。

② 样品量以加热氧化后残留的高锰酸钾（4.8）为其加入量的 1/2～1/3 为宜。加热时，如溶液红色退去，说明高锰酸钾量不够，须重新取样，经稀释后测定。

③ 滴定时温度如低于 60℃，反应速度缓慢，因此应加热至 80℃左右。

④ 沸水浴温度为 98℃。如在高原地区，报出数据时，需注明水的沸点。

8 结果的表示

高锰酸盐指数（I_{Mn}）以每升样品消耗毫克氧数来表示（O_2，mg/L），按式（1）计算。

$$I_{Mn}=\frac{\left[(10+V_1)\frac{10}{V_2}-10\right]\times C\times 8\times 1\ 000}{100} \tag{1}$$

式中：V_1——样品滴定（7.2）时，消耗高锰酸钾溶液体积，ml；

V_2——标定（7.4）时，所消耗高锰酸钾溶液体积，ml；

C——草酸钠标准溶液（4.6），0.010 0 mol/L。

如样品经稀释后测定，按式（2）计算。

$$I_{Mn}=\frac{\left\{\left[(10+V_1)\frac{10}{V_2}-10\right]-\left[(10+V_0)\frac{10}{V_2}-10\right]\times f\right\}\times C\times 8\times 1\ 000}{V_3} \tag{2}$$

式中：V_0——空白试验（7.3）时，消耗高锰酸钾溶液体积，ml;

V_3——测定（7.1、7.2）时，所取样品体积，ml;

f——稀释样品时，蒸馏水在 100 ml 测定用体积内所占比例（例如：10ml 样品用水稀释至 100ml，则 $f=\frac{100-10}{100}=0.90$）。

9　精密度

5 个实验室测定高锰酸钾值为 4.0 mg/L 的葡萄糖统一分发标准溶液。

9.1　重复性

实验室内相对标准偏差为 4.2%。

9.2　再现性

实验室间总相对标准偏差为 5.2%。

附 录 A
碱性高锰酸钾氧化法
（补充件）

A.1 适用范围

当样品中氯离子浓度高于 300 mg/L 时，则采用在碱性介质中，用高锰酸钾氧化样品中的某些有机物及无机还原性物质。

A.2 分析步骤

吸取 100.0 ml 样品（或适量，用水稀释至 100 ml），置于 250 ml 锥形瓶中，加入 0.5 ml 氢氧化钠溶液（4.4），摇匀。用滴定管加入 10.00 ml 高锰酸钾溶液，将锥形瓶置于沸水浴中（30±2）min（水浴沸腾，开始计时）。

取出后，加入（10±0.5）ml 硫酸（4.3），摇匀。以下步骤同 7.2。

A.3 分析结果

分析结果表达同标准正文 8。

附加说明：

本标准由国家环境保护局标准处提出。

本标准由北京市环保监测中心负责起草。

本标准主要起草人尚邦懿。

本标准委托中国环境监测总站负责解释。

中华人民共和国国家标准

水质　总磷的测定　钼酸铵分光光度法

GB 11893—89

Water quality—Determination of total phosphorus—Ammonium molybdate spectrophotometric method

国家环境保护局 1989-12-25 批准　　1990-07-01 实施

1　主题内容与适用范围

本标准规定了用过硫酸钾（或硝酸-高氯酸）为氧化剂，将未经过滤的水样消解，用钼酸铵分光光度测定总磷的方法。

总磷包括溶解的、颗粒的、有机的和无机磷。

本标准适用于地面水、污水和工业废水。

取 25 ml 试料，本标准的最低检出浓度为 0.01 mg/L，测定上限为 0.6 mg/L。

在酸性条件下，砷、铬、硫干扰测定。

2　原理

在中性条件下用过硫酸钾（或硝酸—高氯酸）使试样消解，将所含磷全部氧化为正磷酸盐。在酸性介质中，正磷酸盐与钼酸铵反应，在锑盐存在下生成磷钼杂多酸后，立即被抗坏血酸还原，生成蓝色的络合物。

3　试剂

本标准所用试剂除另有说明外，均应使用符合国家标准或专业标准的分析试剂和蒸馏水或同等纯度的水。

3.1　硫酸（H_2SO_4），密度为 1.84 g/ml。

3.2　硝酸（HNO_3），密度为 1.4 g/ml。

3.3　高氯酸（$HClO_4$），优级纯，密度为 1.68 g/ml。

3.4　硫酸（H_2SO_4），1＋1。

3.5　硫酸，约 $c\left(\frac{1}{2}H_2SO_4\right)=1\ mol/L$：将 27 ml 硫酸（3.1）加入到 973 ml 水中。

3.6　氢氧化钠（NaOH），1 mol/L 溶液：将 40 g 氢氧化钠溶于水并稀释至 1 000 ml。

3.7　氢氧化钠（NaOH），6 mol/L 溶液：将 240 g 氢氧化钠溶于水并稀释至 1 000 ml。

3.8　过硫酸钾，50 g/L 溶液：将 5 g 过硫酸钾（$K_2S_2O_8$）溶解于水，并稀释至 100 ml。

3.9　抗坏血酸，100 g/L 溶液：溶解 10 g 抗坏血酸（$C_6H_8O_6$）于水中，并稀释至 100 ml。

此溶液贮于棕色的试剂瓶中，在冷处可稳定几周。如不变色可长时间使用。

3.10　钼酸盐溶液：溶解 13 g 钼酸铵［$(NH_4)_6Mo_7O_{24}\cdot 4H_2O$］于 100 ml 水中。溶解 0.35 g 酒石酸锑钾

$\left[KSbC_4H_4O_7 \cdot \frac{1}{2}H_2O\right]$于100 ml水中。在不断搅拌下把钼酸铵溶液徐徐加到300 ml硫酸（3.4）中，加酒石酸锑钾溶液并且混合均匀。

此溶液贮存于棕色试剂瓶中，在冷处可保存两个月。

3.11 浊度—色度补偿液：混合两个体积硫酸（3.4）和一个体积抗坏血酸溶液（3.9）。

使用当天配制。

3.12 磷标准贮备溶液：称取 0.219 7±0.001 g 于 110℃干燥 2 h 在干燥器中放冷的磷酸二氢钾（KH_2PO_4），用水溶解后转移至1 000 ml容量瓶中，加入大约800 ml水，加5 ml硫酸（3.4）用水稀释至标线并混匀。1.00 ml此标准溶液含50.0μg磷。

本溶液在玻璃瓶中可贮存至少六个月。

3.13 磷标准使用溶液：将10.0 ml的磷标准溶液（3.12）转移至250 ml容量瓶中，用水稀释至标线并混匀。1.00 ml此标准溶液含2.0μg磷。

使用当天配制。

3.14 酚酞，10 g/L溶液：0.5 g酚酞溶于50 ml 95%乙醇中。

4 仪器

实验室常用仪器设备和下列仪器。

4.1 医用手提式蒸气消毒器或一般压力锅（1.1～1.4 kg/cm^2）。

4.2 50 ml具塞（磨口）刻度管。

4.3 分光光度计。

注：所有玻璃器皿均应用稀盐酸或稀硝酸浸泡。

5 采样和样品

5.1 采取500 ml水样后加入1 ml硫酸（3.1）调节样品的pH值，使之低于或等于1，或不加任何试剂于冷处保存。

注：含磷量较少的水样，不要用塑料瓶采样，因易磷酸盐吸附在塑料瓶壁上。

5.2 试样的制备

取25 ml样品（5.1）于具塞刻度管中（4.2）。取时应仔细摇匀，以得到溶解部分和悬浮部分均具有代表性的试样。如样品中含磷浓度较高，试样体积可以减少。

6 分析步骤

6.1 空白试样

按（6.2）的规定进行空白试验，用水代替试样，并加入与测定时相同体积的试剂。

6.2 测定

6.2.1 消解

6.2.1.1 过硫酸钾消解：向（5.2）试样中加4 ml过硫酸钾（3.8），将具塞刻度管的盖塞紧后，用一小块布和线将玻璃塞扎紧（或用其他方法固定），放在大烧杯中置于高压蒸气消毒器（4.1）中加热，待压力达1.1 kg/cm^2，相应温度为120℃时，保持30 min后停止加热。待压力表读数降至零后，取出放冷。然后用水稀释至标线。

注：如果硫酸保存水样。当用过硫酸钾消解时，需先将试样调至中性。

6.2.1.2 硝酸-高氯酸消解：取25 ml试样（5.1）于锥形瓶中，加数粒玻璃珠，加2 ml硝酸（3.2）在电热板上加热浓缩至10 ml。冷后加5 ml硝酸（3.2），再加热浓缩至10 ml，放冷。加3 ml高氯酸（3.3），加热至高氯酸冒白烟，此时可在锥形瓶上加小漏斗或调节电热板温度，使消解液在锥形瓶内壁保持回流状态，直至剩下 3～4 ml，放冷。

加水 10 ml，加 1 滴酚酞指示剂（3.14）。滴加氢氧化钠溶液（3.6 或 3.7）至刚呈微红色，再滴加硫酸溶液（3.5）使微红刚好褪去，充分混匀。移至具塞刻度管中（4.2），用水稀释至标线。

注：① 用硝酸-高氯酸消解需要在通风橱中进行。高氯酸和有机物的混合物经加热易发生危险，需将试样先用硝酸消解，然后再加入硝酸-高氯酸进行消解。

② 绝不可把消解的试样蒸干。

③ 如消解后有残渣时，用滤纸过滤于具塞刻度管中，并用水充分清洗锥形瓶及滤纸，一并移到具塞刻度管中。

④ 水样中的有机物用过硫酸钾氧化不能完全破坏时，可用此法消解。

6.2.2 发色

分别向各份消解液中加入 1 ml 抗坏血酸溶液（3.9）混匀，30 s 后加 2 ml 钼酸盐溶液（3.10）充分混匀。

注：① 如试样中含有浊度或色度时，需配制一个空白试样（消解后用水稀释至标线）然后向试料中加入 3 ml 浊度——色度补偿液（3.11），但不加抗坏血酸溶液和钼酸盐溶液。然后从试料的吸光度中扣除空白试料的吸光度。

② 砷大于 2 mg/L 干扰测定，用硫代硫酸钠去除。硫化物大于 2 mg/L 干扰测定，通氮气去除。铬大于 50 mg/L 干扰测定，用亚硫酸钠去除。

6.2.3 分光光度测量

室温下放置 15 min 后，使用光程为 30 mm 比色皿，在 700 nm 波长下，以水做参比，测定吸光度。扣除空白试验的吸光度后，从工作曲线（6.2.4）上查得磷的含量。

注：如显色时室温低于 13℃，可在 20～30℃水浴上显色 15 min 即可。

6.2.4 工作曲线的绘制

取 7 支具塞刻度管（4.2）分别加入 0.0，0.50，1.00，3.00，5.00，10.0，15.0 ml 磷酸盐标准溶液（3.14）。加水至 25 ml。然后按测定步骤（6.2）进行处理。以水做参比，测定吸光度。扣除空白试验的吸光度后，和对应的磷的含量绘制工作曲线。

7 结果的表示

总磷含量以 C（mg/L）表示，按下式计算：

$$C=\frac{m}{V}$$

式中：m——试样测得含磷量，μg；

V——测定用试样体积，ml。

8 精密度与准确度

8.1 十三个实验室测定（采用 6.2.1.1 消解）含磷 2.06 mg/L 的统一样品。

8.1.1 重复性

实验室内相对标准偏差为 0.75%。

8.1.2 再现性

实验室间相对标准偏差为 1.5%。

8.1.3 准确度

相对误差为＋1.9%。

8.2 六个实验室测定（采用 6.2.1.2 消解）含磷量 2.06 mg/L 的统一样品。

8.2.1 重复性

实验室内相对标准偏差为 1.4%。

8.2.2 再现性

实验室间相对标准偏差为 1.4%。

8.2.3 准确度

相对误差为 1.9%。

质控样品主要成分是乙氨酸（NH_2CH_2COOH）和甘油磷酸钠$\left(C_3H_7Na_2O_6P\cdot 5\frac{1}{2}H_2O\right)$。

附加说明：

本标准由国家环境保护局标准处提出。

本标准由北京市环保监测中心和上海市环境监测中心负责起草。

本标准主要起草人袁玉璐、姚元。

本标准委托中国环境监测总站负责解释。

中华人民共和国国家标准

水质 痕量砷的测定 硼氢化钾–硝酸银分光光度法

GB 11900—89

Water quality—Determination of trace amounts of arsenic—Spectrophotometric method with silver salt

国家环境保护局 1989-12-25 批准 1990-07-01 实施

1 主题内容与适用范围

本标准规定了用新银盐分光光度法测定地面水、地下水和饮用水中痕量砷，取 250 ml 试料 3.00 ml 吸收液，用 10 mm 比色皿，本方法最低检出浓度为 0.4μg/L，测定上限为 12μg/L。

2 原理

硼氢化钾（或硼氢化钠）在酸性溶液中产生新生态的氢，将试料中砷转变为砷代氢、用硝酸-硝酸银-聚乙烯醇-乙醇溶液为吸收液，将其中银离子还原成单质银，使溶液呈黄色，在 400 nm 处测量吸光度。

化学反应式如下：

$$BH_4^- + H^+ + 3H_2O \longrightarrow 8[H] + H_3BO_3$$

$$2As^{3+} + 6[H] \longrightarrow 2AsH_3 \uparrow$$

$$6Ag + AsH_3 + 3H_2O \longrightarrow 6Ag + H_3AsO_3 + 6H^+$$

3 试剂

本标准所用试剂，除特殊规定外，均使用符合国家标准或专业标准的分析纯试剂和蒸馏水或同等纯度的水。

3.1 二甲基甲酰胺[$HCON(CH_3)_2$]。

3.2 乙醇胺（C_2H_7NO）。

3.3 硫酸钠（Na_2SO_4），无水。

3.4 硫酸氢钾（$KHSO_4$），固体。

3.5 抗坏血酸（$C_6H_8O_6$），固体。

3.6 硫脲[$(NH_2)_2CS$]，固体。

3.7 酒石酸（$C_4H_6O_6$），固体。

3.8 硝酸银（$AgNO_3$），固体。

3.9 三氧化二砷（As_2O_3），固体。

3.10 硼氢化钾（KBH_4），固体。

3.11 氯化钠（NaCl），固体。

3.12 乙醇（CH_3CH_2OH），无水或95%。

3.13 硝酸（HNO_3），ρ =1.40 g/ml。

3.14 盐酸（HCl），ρ =1.19 g/ml。

3.15 高氯酸（$HClO_4$），70%～72%。

3.16 氨水（$NH_3 \cdot H_2O$），1+1。

3.17 硫酸（H_2SO_4），1 mol/L。

3.18 硫酸（H_2SO_4），0.5 mol/L。

3.19 盐酸（HCl），0.5 mol/L。

3.20 氢氧化钠（NaOH），200 g/L。

3.21 碘化钾（KI），150 g/L。

3.22 乙酸铅[$Pb(Ac)_2$]，100 g/L。

3.23 聚乙烯醇[$(C_2H_4O)_x$]，2 g/L：称取0.2 g聚乙烯醇（平均聚合度为1 750±50）于150 ml烧杯中，加100 ml水，在不断搅拌下加热至全溶，盖上表面皿微沸10 min，冷却后，贮于玻璃瓶中，此溶液可稳定一星期。

3.24 硫酸-酒石酸溶液：于400 ml硫酸溶液中（3.18），加入60 g酒石酸（3.7），溶解后即可使用。

3.25 硝酸-硝酸银溶液：称取2.04 g硝酸银（3.8），于100 ml烧杯中，用少量水溶解，加入5 ml硝酸（3.13），用水稀释至250 ml，摇匀，于棕色瓶中保存。

3.26 砷化氢吸收液：取硝酸-硝酸银（3.25）溶液、聚乙烯醇（3.23）溶液、乙醇（3.12），按1+1+2比例混合，充分摇匀后使用，用时现配。如果出现混浊，将此液放入70℃左右的水中，待透明后取出，冷却后使用。

3.27 二甲基甲酰胺混合液（简称DMF混合液）：取二甲基甲酰胺（3.1）、乙醇胺（3.2），按9+1（V_1+V_2）比例混合，贮于棕色玻璃瓶中，在低温下可保存30天左右。

3.28 硫酸钠-硫酸氢钾混合粉：取硫酸钠（3.3）和硫酸氢钾（3.4），按9+1比例混合，并用研钵研细后使用。

3.29 乙酸铅棉的制备：将10 g医用脱脂棉浸入100 ml乙酸铅溶液（3.22）中，半小时后取出，在室温下自然晾干，贮于广口瓶中。

3.30 硼氢化钾片的制备：硼氢化钾（3.10）与氯化钠（3.11）以1+5之比混合，充分混匀后，以2～5 t/cm^{2}的压力，压成直径为1.2 cm，重1.5 g的片剂。

3.31 砷标准溶液，1.00 mg/ml：称取已于110℃烘2 h的三氧化二砷（3.9）0.132 0 g，溶于2 ml氢氧化钠溶液（3.20）中，加入10 ml硫酸（3.17），转入100 ml容量瓶中，用水稀释到刻度，于低温下保存。

3.32 砷标准溶液，10μg/ml：取1.00 ml砷标准溶液（3.31），于100 ml容量瓶中，用水稀释到刻度，摇匀。

3.33 砷标准使用液，1.00μg/ml：取1.00 ml砷标准溶液（3.32）于100 ml容量瓶中，用水稀释到刻度，摇匀，用时现配。

注意：三氧化二砷为剧毒，用时小心。

4 仪器

4.1 一般实验室用仪器和以下仪器。

4.2 分光光度计，带10 mm比色皿。

4.3 砷化氢发生装置，如图1所示。

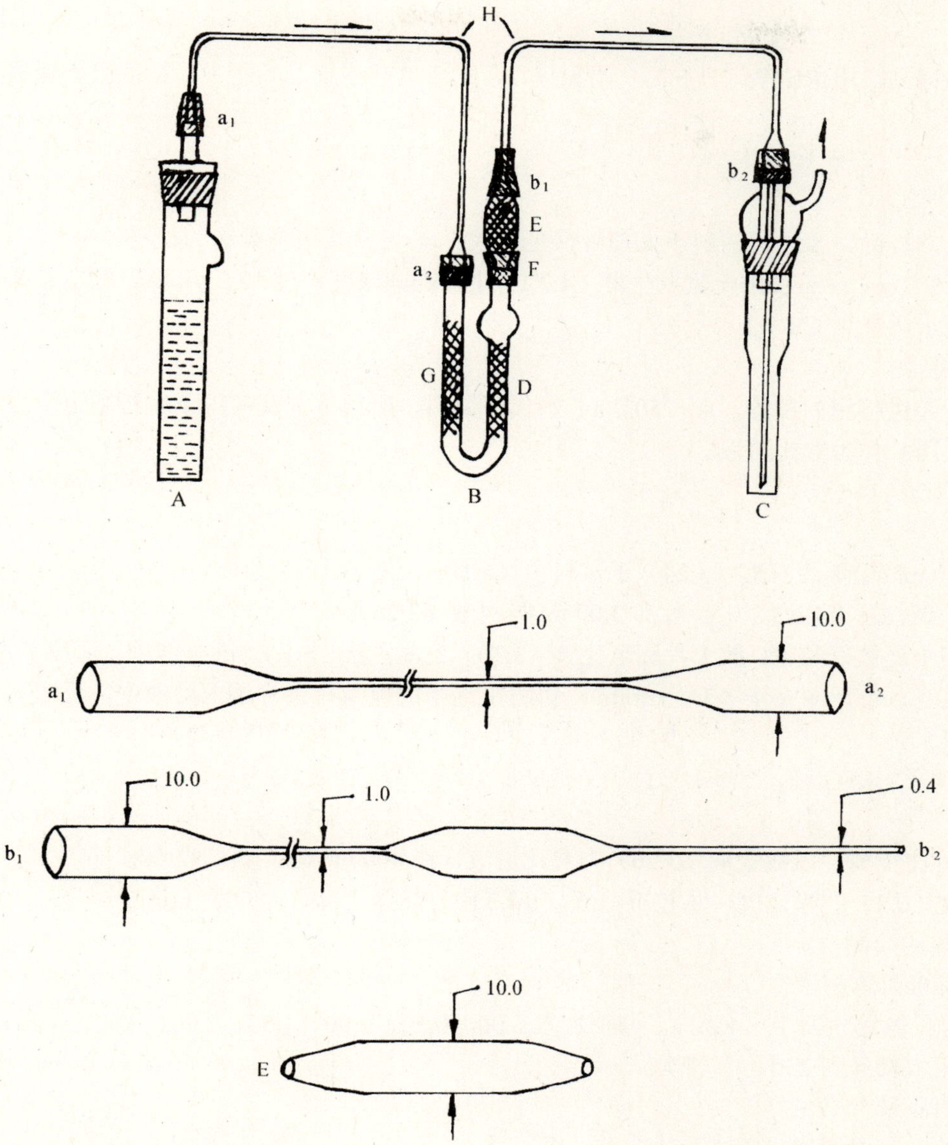

a_1，a_2——导气管接头　b_1，b_2——导气管接头

图 1　砷化氢发生吸收装置

图 1 中：

A——砷化氢发生器，管径以 30 mm，液面为管高的 2/3 为宜。

B——U 形管（除干扰用），管径为 10 mm。

C——吸收管，液面以 90 mm 高为宜。

D——装有 1.5 ml DMF 混合液（3.27）脱脂棉（0.3 g）。

E——内装吸附有硫酸钠混合粉（3.28）脱脂棉的高压聚乙烯管。

F——脱脂棉。

G——乙酸铅脱脂棉（3.29）0.3 g。

H——导气管。

5 样品

采集后的样品，用浓硫酸（H_2SO_4）调 pH＜2，贮于玻璃或聚乙烯瓶中，在低温下保存。

6 步骤

6.1 试料

除被污染的样品，需进行消解予处理外（见附录 1），可直接取样品作为试料。

6.1.1 吸取 250.0 ml 样品于砷化氢发生器（4.2.1）中，若砷浓度超过 12 μg/L 时，取适量样品，用碱调至中性后，用水稀释到 250 ml。

6.2 空白试验

与测定同步进行空白试验，取 250.0 ml 水代替试料，所用试剂及其用量均与测定中相同，测定步骤亦相同，但用水作为参比溶液。

6.3 测定

6.3.1 显色

6.3.1.1 加 20 ml 硫酸-酒石酸（3.24）于试料中（6.1.1），混匀。

6.3.1.2 向干吸收管（4.2.3）中，各加 3.00 ml 吸收液（3.26）。

6.3.1.3 按图 1 连接好装置，放 1 片硼氢化钾（3.30）于发生器（6.1.1）的小泡中，再放 1 片于溶液中，立即盖好橡皮塞，待反应完毕（3～5 min），再将小泡中的硼氢化钾片倒入溶液中，反应完毕，使砷化氢完全释放出来。

注意：砷化氢为剧毒物质，全部反应过程应在通风橱内或通风良好的地方进行。

6.3.2 测量

用 10 mm 比色皿，以吸收液（3.26）为参比溶液，在 400 nm 处，测量吸收液（6.3.1.2）的吸光度，减去空白试验（6.2）的吸光度，从校准曲线（6.4.3）上查得试料的含砷量（μg）。

6.4 校准曲线的绘制

6.4.1 制备标准工作溶液

于 7 支砷化氢发生器中（4.2.1），分别加入 0.00、0.50、1.00、1.50、2.00、2.50、3.00 ml 砷标准溶液（3.33），用水稀释到 250 ml，混匀。

6.4.2 显色与测量

按测定（6.3）中所述步骤进行。

6.4.3 绘制校准曲线

减去空白试验（零浓度）的吸光度，修正对应的每个标准溶液的吸光度（6.4.1），以修正后的吸光度为纵坐标，与之对应的砷量（μg）为横坐标作图。

要经常绘制校准曲线，最好是每天绘制一次。

7 结果的表示

砷的含量（mg/L）按下式计算：

$$C=\frac{m}{V}$$

式中：C——样品中砷浓度，mg/L；

m——由校准曲线上查得试料中砷量，μg；

V——试料体积，ml。

8 精密度与准确度

于自来水中溶入硫酸镁、硝酸钾、碳酸钠、氯化钙的浓度，分别为 55、9.4、20、45 mg/L，作为基体水，配成含砷浓度为 0.005、0.020、0.050 mg/L 三种不同浓度的统一样品，由 16 个实验室分析了 As 0.005 mg/L，8 个实验室分析了 As0.020 mg/L 与 As0.050 mg/L 的统一样品。

表 1 方法精密度

统一样品浓度/（mg/L）	参加实验室数/个	精密度		准确度
		重复性相对标准偏差/%	再现性相对标准偏差/%	相对误差/%
0.005	16	4.5	18.2	0.2
0.020	8	4.1	10.2	1.7
0.050	8	3.6	6.4	0.0

附 录 A
样品消解预处理
（补充件）

当样品含有机质等杂质太多时，需消解预处理制备试料。

A.1 试料的制备

取适量样品（含砷量不超过 3μg）于烧杯中，加 6.0 ml 盐酸（3.14）、2.0 ml 硝酸（3.13）、2.0 ml 高氯酸（3.15），盖上表面皿，在电热板上加热至冒高氯酸白烟，并蒸到近干，取下冷却后，用 15 ml 盐酸（3.19）溶解盐类，并加热至近沸，冷却后，加入 20～30μg 抗坏血酸（3.5）、10～20 mg 硫脲（3.6）、加 2.0 ml 碘化钾溶液（3.21），放置 15 min 后，加热并微沸 1 min，冷却，以甲基橙为指示剂，用氨水（3.16）调溶液变黄色，再用盐酸（3.19）调溶液刚变红，即加入硫酸-酒石酸（3.24）20 ml，转入砷化氢发生器（4.2.1）中，用水稀释到 270 ml，同时作试剂空白。

注：样品中有机质太多，用高氯酸消解易发生爆炸，需放置待无气泡时，再升温消解。

A.2 测定

除（6.3.1.1）已加入外，均与本标准测定步骤相同。

附　录 B
本标准一般说明
（参考件）

B.1　U 形管中乙酸铅棉和 DMF 棉填装必须松紧适当和均匀一致，向脱脂棉上加 DMF 后，用吸耳球慢慢吹气约 1 min，使 DMF 混合溶液均匀吸附在脱脂棉上，在测样品之前，用标准砷溶液按照本标准步骤反应一次，以平衡装置，防止吸光度偏低。

B.2　在发生砷化氢时，如果反应液中有泡沫产生，可加入适量乙醇消除。

B.3　U 形管中乙酸铅棉是消除硫化物干扰，若有 1/4 变黑时，即更换。

B.4　显色温度最好在 15～30℃下进行，若过高或过低时，可适当减少或增加硫酸-酒石酸（3.24）的用量。

B.5　插入吸收液中的导气管，在每次吸收反应完成后，要放在盛有 4 mol/L 硝酸的吸收管中浸洗，不用时一直放在此液中。

附加说明：

本标准由国家环境保护局提出。
本标准由中国环境监测总站负责起草。
本标准主要起草人芮葵生。
本标准由中国环境监测总站负责解释。

中华人民共和国国家标准

水质 化学需氧量的测定
重铬酸盐法

GB 11914—89

Water quality—Determination of the chemical oxygen demand—Dichromate method

国家环境保护局 1989-12-25 批准 1990-07-01 实施

1 主题内容与应用范围

本标准规定了水中化学需氧量的测定方法。

本标准适用于各种类型的含 COD 值大于 30 mg/L 的水样，对未经稀释的水样的测定上限为 700 mg/L。

本标准不适用于含氯化物浓度大于 1 000 mg/L（稀释后）的含盐水。

2 定义

在一定条件下，经重铬酸钾氧化处理时，水样中的溶解性物质和悬浮物所消耗的重铬酸盐相对应的氧的质量浓度。

3 原理

在水样中加入已知量的重铬酸钾溶液，并在强酸介质下以银盐作催化剂，经沸腾回流后，以试亚铁灵为指示剂，用硫酸亚铁铵滴定水样中未被还原的重铬酸钾由消耗的硫酸亚铁铵的量换算成消耗氧的质量浓度。

在酸性重铬酸钾条件下，芳烃及吡啶难以被氧化，其氧化率较低。在硫酸银催化作用下，直链脂肪族化合物可有效地被氧化。

4 试剂

除非另有说明，实验时所用试剂均为符合国家标准的分析纯试剂，试验用水均为蒸馏水或同等纯度的水。

4.1 硫酸银（Ag_2SO_4），化学纯。

4.2 硫酸汞（$HgSO_4$），化学纯。

4.3 硫酸（H_2SO_4），$\rho = 1.84$ g/ml。

4.4 硫酸银-硫酸试剂：向 1 L 硫酸（4.3）中加入 10 g 硫酸银（4.1），放置 1～2 天使之溶解，并混匀，使用前小心摇动。

4.5 重铬酸钾标准溶液：

4.5.1 浓度为 $c\left(\frac{1}{6}K_2Cr_2O_7\right)=0.250$ mol/L 的重铬酸钾标准溶液：将 12.258 g 在 105℃干燥 2 h 后的重铬

酸钾溶于水中，稀释至 1 000 ml。

4.5.2　浓度为 $c\left(\frac{1}{6}K_2Cr_2O_7\right)$=0.025 0 mol/L 的重铬酸钾标准溶液：将 4.5.1 条的溶液稀释 10 倍而成。

4.6　硫酸亚铁铵标准滴定溶液

4.6.1　浓度为 C［$(NH_4)_2Fe(SO_4)_2 \cdot 6H_2O$］≈0.10 mol/L 的硫酸亚铁铵标准滴定溶液：溶解 39 g 硫酸亚铁铵［$(NH_4)_2Fe(SO_4)_2 \cdot 6H_2O$］于水中，加入 20 ml 硫酸（4.3），待其溶液冷却后稀释至 1 000 ml。

4.6.2　每日临用前，必须用重铬酸钾标准溶液（4.5.1）准确标定此溶液（4.6.1）的浓度。

取 10.00 ml 重铬酸钾标准溶液（4.5.1）置于锥形瓶中，用水稀释至约 100 ml，加入 30 ml 硫酸（4.3），混匀，冷却后，加 3 滴（约 0.15 ml）试亚铁灵指示剂（4.7），用硫酸亚铁铵（4.6.1）滴定溶液的颜色由黄色经蓝绿色变为红褐色，即为终点。记录下硫酸亚铁铵的消耗量（ml）。

4.6.3　硫酸亚铁铵标准滴定溶液浓度的计算：

$$C[(NH_4)_2Fe(SO_4)_2 \cdot 6H_2O]=\frac{10.00\times0.250}{V}=\frac{2.50}{V}$$

式中：V——滴定时消耗硫酸亚铁铵溶液的毫升数。

4.6.4　浓度 C［$(NH_4)_2Fe(SO_4)_2 \cdot 6H_2O$］≈0.010 mol/L 的硫酸亚铁铵标准滴定溶液：将 4.6.1 条的溶液稀释 10 倍，用重铬酸钾标准溶液（4.5.2）标定，其滴定步骤及浓度计算分别与 4.6.2 及 4.6.3 类同。

4.7　邻苯二甲酸氢钾标准溶液，C（$KC_6H_5O_4$）=2.082 4 mmol/L：称取 105℃时干燥 2 h 的邻苯二甲酸氢钾（$HOOCC_6H_4COOK$）0.425 1 g 溶于水，并稀释至 1 000 ml，混匀。以重铬酸钾为氧化剂，将邻苯二甲酸氢钾完全氧化的 COD 值为 1.176 g 氧/g（指 1 g 邻苯二甲酸氢钾耗氧 1.176 g）故该标准溶液的理论 COD 值为 500 mg/L。

4.8　1,10-菲绕啉（1,10-phenanathroline monohy drate）指示剂溶液：溶解 0.7 g 七水合硫酸亚铁（$FeSO_4 \cdot 7H_2O$）于 50 ml 的水中，加入 1.5 g 1,10-菲绕啉，搅动至溶解，加水稀释至 100 ml。

4.9　防爆沸玻璃珠。

5　仪器

常用实验室仪器和下列仪器。

5.1　回流装置：带有 24 号标准磨口的 250 ml 锥形瓶的全玻璃回流装置。回流冷凝管长度为 300～500 mm。若取样量在 30 ml 以上，可采用带 500 ml 锥形瓶的全玻璃回流装置。

5.2　加热装置。

5.3　25 ml 或 50 ml 酸式滴定管。

6　采样和样品

6.1　采样

水样要采集于玻璃瓶中，应尽快分析。如不能立即分析时，应加入硫酸（4.3）至 pH<2，置 4℃下保存。但保存时间不多于 5 天。采集水样的体积不得少于 100 ml。

6.2　试料的准备

将试样充分摇匀，取出 20.0 ml 作为试料。

7　步骤

7.1　对于 COD 值小于 50 mg/L 的水样，应采用低浓度的重铬酸钾标准溶液（4.5.2）氧化，加热回流以后，采用低浓度的硫酸亚铁铵标准溶液（4.6.4）回滴。

7.2　该方法对未经稀释的水样其测定上限为 700 mg/L，超过此限时必须经稀释后测定。

7.3 对于污染严重的水样，可选取所需体积 1/10 的试料和 1/10 的试剂，放入 10 mm×150 mm 硬质玻璃管中，摇匀后，用酒精灯加热至沸数分钟，观察溶液是否变成蓝绿色。如呈蓝绿色，应再适当少取试料，重复以上试验，直至溶液不变蓝绿色为止。从而确定待测水样适当的稀释倍数。

7.4 取试料（6.2）于锥形瓶中，或取适量试料加水至 20.0 ml。

7.5 空白试验：按相同步骤以 20.0 ml 水代替试料进行空白试验，其余试剂和试料测定（7.8）相同，记录下空白滴定时消耗硫酸亚铁铵标准溶液的毫升数 V_1。

7.6 校核试验：按测定试料（7.8）提供的方法分析 20.0 ml 邻苯二甲酸氢钾标准溶液（4.7）的 COD 值，用以检验操作技术及试剂纯度。

该溶液的理论 COD 值为 500 mg/L，如果校核试验的结果大于该值的 96%，即可认为实验步骤基本上是适宜的，否则，必须寻找失败的原因，重复实验，使之达到要求。

7.7 去干扰试验：无机还原性物质如亚硝酸盐、硫化物及二价铁盐将使结果增加，将其需氧量作为水样 COD 值的一部分是可以接受的。

该实验的主要干扰物为氯化物，可加入硫酸汞（4.2）部分地除去，经回流后，氯离子可与硫酸汞结合成可溶性的氯汞络合物。

当氯离子含量超过 1 000 mg/L 时，COD 的最低允许值为 250 mg/L，低于此值结果的准确度就不可靠。

7.8 水样的测定：于试料（7.4）中加入 10.0 ml 重铬酸钾标准溶液（4.5.1）和几颗防爆沸玻璃珠（4.9），摇匀。

将锥形瓶接到回流装置（5.1）冷凝管下端，接通冷凝水。从冷凝管上端缓慢加入 30 ml 硫酸银-硫酸试剂（4.4），以防止低沸点有机物的逸出，不断旋动锥形瓶使之混合均匀。自溶液开始沸腾起回流两小时。

冷却后，用 20～30 ml 水自冷凝管上端冲洗冷凝管后，取下锥形瓶，再用水稀释至 140 ml 左右。

溶液冷却至室温后，加入 3 滴 1,10-菲绕啉指示剂溶液（4.8），用硫酸亚铁铵标准滴定溶液（4.6）滴定，溶液的颜色由黄色经蓝绿色变为红褐色即为终点。记下硫酸亚铁铵标准滴定溶液的消耗毫升数 V_2。

7.9 在特殊情况下，需要测定的试料在 10.0～50.0 ml，试剂的体积或重量要按表 1 作相应的调整。

表 1 不同取样量采用的试剂用量

样品量/ml	0.250N$K_2Cr_2O_7$/ml	Ag_2SO_4-H_2SO_4/ml	$HgSO_4$/g	$(NH_4)_2Fe(SO_4)_2 \cdot 6H_2O$/(mol/L)	滴定前体积/ml
10.0	5.0	15	0.2	0.05	70
20.0	10.0	30	0.4	0.10	140
30.0	15.0	45	0.6	0.15	210
40.0	20.0	60	0.8	0.20	200
50.0	25.0	75	1.0	0.25	350

8 结果的表示

8.1 计算方法

以 mg/L 计的水样化学需氧量，计算公式如下：

$$\text{COD（mg/L）}=\frac{C(V_1-V_2)\times 8\,000}{V_0}$$

式中：C——硫酸亚铁铵标准滴定溶液（4.6）的浓度，mol/L；

V_1——空白试验（7.4）所消耗的硫酸亚铁铵标准滴定溶液的体积，ml；

V_2——试料测定（7.8）所消耗的硫酸亚铁铵标准滴定溶液的体积，ml；

V_0——试料的体积，ml；

8 000——$\frac{1}{4}O_2$ 的摩尔质量以 mg/L 为单位的换算值。

测定结果一般保留三位有效数字，对 COD 值小的水样（7.1），当计算出 COD 值小于 10 mg/L 时，应表示为“COD＜10 mg/L”。

8.2 精密度

8.2.1 标准溶液测定的精密度

40 个不同的实验室测定 COD 值为 500 mg/L 的邻苯二甲酸氢钾（4.7）标准溶液，其标准偏差为 20 mg/L，相对标准偏差为 4.0%。

8.2.2 工业废水测定的精密度（见表 2）。

表 2 工业废水 COD 测定的精密度

工业废水类型	参加验证的实验室个数	COD 均值/（mg/L）	实验室内相对标准偏差/%	实验室间相对标准偏差/%	实验室间总相对标准偏差/%
有机废水	5	70.1	3.0	8.0	8.5
石化废水	8	398	1.8	3.8	4.2
染料废水	6	603	0.7	2.3	2.4
印染废水	8	284	1.3	1.8	2.3
制药废水	6	517	0.9	3.2	3.3
皮革废水	9	691	1.5	3.0	3.4

附加说明：

本标准由国家环境保护局标准处提出。

本标准由北京市化工研究院负责起草。

本标准的主要起草人尹洧。

本标准委托中国环境监测总站负责解释。

中华人民共和国国家标准

水质　浊度的测定

GB 13200—91

Water quality—Determination of turbidity

国家环境保护局 1991-08-31 批准　　1992-06-01 实施

本标准参照采用国际标准 ISO 7027—1984《水质　浊度的测定》。

1　主题内容与适用范围

1.1　本标准规定了两种测定水中浊度的方法。第一篇分光光度法，适用于饮用水、天然水及高浊度水，最低检测浊度为 3 度。第二篇目视比浊法，适用于饮用水和水源水等低浊度的水，最低检测浊度为 1 度。

1.2　水中应无碎屑和易沉颗粒，如所用器皿不清洁，或水中有溶解的气泡和有色物质时干扰测定。

第一篇　分光光度法

2　原理

在适当温度下，硫酸肼与六次甲基四胺聚合，形成白色高分子聚合物，以此作为浊度标准液，在一定条件下与水样浊度相比较。

3　试剂

除非另有说明，分析时均使用符合国家标准或专业标准分析纯试剂，去离子水或同等纯度的水。

3.1　无浊度水

将蒸馏水通过 0.2 μm 滤膜过滤，收集于用滤过水荡洗两次的烧瓶中。

3.2　浊度标准贮备液

3.2.1　1 g/100 ml 硫酸肼溶液

称取 1.000 g 硫酸肼［$(N_2H_4)H_2SO_4$］溶于水，定容至 100 ml。

注：硫酸肼有毒、致癌！

3.2.2　10 g/100 ml 六次甲基四胺溶液

称取 10.00 g 六次甲基四胺［$(CH_2)_6N_4$］溶于水，定容至 100 ml。

3.2.3　浊度标准贮备液

吸取 5.00 ml 硫酸肼溶液（3.2.1）与 5.00 ml 六次甲基四胺溶液（3.2.2）于 100 ml 容量瓶中，混匀。于（25±3）℃下静置反应 24 h。冷后用水稀释至标线，混匀。此溶液浊度为 400 度。可保存一个月。

4　仪器

一般实验室仪器和

4.1　50 ml 具塞比色管。

4.2　分光光度计。

5　样品

样品应收集到具塞玻璃瓶中，取样后尽快测定。如需保存，可保存在冷暗处不超过 24 h。测试前需激烈振摇并恢复到室温。

所有与样品接触的玻璃器皿必须清洁，可用盐酸或表面活性剂清洗。

6　分析步骤

6.1　标准曲线的绘制

吸取浊度标准液（3.2.3）0，0.50，1.25，2.50，5.00，10.00 及 12.50 ml，置于 50 ml 的比色管中，加水至标线。摇匀后，即得浊度为 0.4，10，20，40，80 及 100 度的标准系列。于 680 nm 波长，用 30 mm 比色皿测定吸光度，绘制校准曲线。

注：在 680 nm 波长下测定，天然水中存在淡黄色、淡绿色无干扰。

6.2　测定

吸取 50.0 ml 摇匀水样［无气泡，如浊度超过 100 度可酌情少取，用无浊度水（3.1）稀释至 50.0 ml］，于 50 ml 比色管中，按绘制校准曲线步骤（6.1）测定吸光度，由校准曲线上查得水样浊度。

7　结果的表述

$$浊度（度）=\frac{A(B+C)}{C}$$

式中：A——稀释后水样的浊度，度；

B——稀释水体积，ml；

C——原水样体积，ml。

不同浊度范围测试结果的精度要求如下：

浊度范围/度	精度/度
1～10	1
10～100	5
100～400	10
400～1 000	50
大于 1 000	100

第二篇　目视比浊法

8　原理

将水样与用硅藻土配制的浊度标准液进行比较，规定相当于 1 mg 一定粒度的硅藻土在 1 000 ml 水中所产生的浊度为 1 度。

9 试剂

除非另有说明，分析时均使用符合国家标准或专业标准分析纯试剂，去离子水或同等纯度的水。

9.1 浊度标准液

9.1.1 浊度标准贮备液：称取 10 g 通过 0.1 mm 筛孔的硅藻土于研钵中，加入少许水调成糊状并研细，移至 1 000 ml 量筒中，加水至标线。充分搅匀后，静置 24 h。用虹吸法仔细将上层 800 ml 悬浮液移至第二个 1 000 ml 量筒中，向其中加水至 1 000 ml，充分搅拌，静置 24 h。吸出上层含较细颗粒的 800 ml 悬浮液弃去，下部溶液加水稀释至 1 000 ml。充分搅拌后，贮于具塞玻璃瓶中，其中含硅藻土颗粒直径大约为 400μm。

取 50.0 ml 上述悬浊液置于恒重的蒸发皿中，在水浴上蒸干，于 105℃烘箱中烘 2 h，置干燥器冷却 30 min，称重。重复以上操作，即烘 1 h，冷却，称重，直至恒重。求出 1 ml 悬浊液含硅藻土的重量（mg）。

9.1.2 浊度 250 度的标准液：吸取含 250 mg 硅藻土的悬浊液，置于 1 000 ml 容量瓶中，加水至标线，摇匀。此溶液浊度为 250 度。

9.1.3 浊度 100 度的标准液：吸取 100 ml 浊度为 250 度的标准液（9.1.2）于 250 ml 容量瓶中，用水稀释至标线，摇匀。此溶液浊度为 100 度。

于各标准液中分别加入氯化汞以防菌类生长。

注：氯化汞剧毒!

10 仪器

一般实验室仪器及：

10.1 100 ml 具塞比色管。

10.2 250 ml 无色具塞玻璃瓶，玻璃质量及直径均需一致。

11 分析步骤

11.1 浊度低于 10 度的水样

11.1.1 吸取浊度为 100 度的标准液（9.1.3）0，1.0，2.0，3.0，4.0，5.0，6.0，7.0，8.0，9.0 及 10.0 ml 于 100 ml 比色管中，加水稀释至标线，混匀，配制成浊度为 0，1.0，2.0，3.0，4.0，5.0，6.0，7.0，8.0，9.0 和 10.0 度的标准液。

11.1.2 取 100 ml 摇匀水样于 100 ml 比色管中，与上述标液（11.1.1）进行比较。可在黑色底板上由上向下垂直观察，选出与水样产生相近视觉效果的标液，记下其浊度值。

11.2 浊度为 10 度以上的水样

11.2.1 吸取浊度为 250 度的标准液（9.1.2）0，10，20，30，40，50，60，70，80，90 及 100 ml 置于 250 ml 容量瓶中，加水稀释至标线，混匀。即得浊度为 0，10，20，30，40，50，60，70，80，90 和 100 度的标准液，将其移入成套的 250 ml 具塞玻璃瓶中，每瓶加入 1 g 氯化汞，以防菌类生长。

11.2.2 取 250 ml 摇匀水样置于成套的 250 ml 具塞玻璃瓶中，瓶后放一有黑线的白纸板作为判别标志。从瓶前向后观察，根据目标的清晰程度选出与水样产生相近视觉效果的标准液，记下其浊度值。

11.2.3 水样浊度超过 100 度时，用无浊度水（3.1）稀释后测定。

12 分析结果的表述

水样浊度可直接读数。

附加说明：

本标准由国家环境保护局科技标准司标准处提出。
本标准由北京市环境保护监测中心负责起草。
本标准主要起草人尚邦懿。
本标准委托中国环境监测总站负责解释。

中华人民共和国环境保护行业标准

水质 总氮的测定 气相分子吸收光谱法

HJ/T 199—2005

Water quality—Determination of total-nitrogen Gas-phase molecular absorption spectrometry

2005-11-09 发布 2006-01-01 实施

1 范围

本标准适用于地表水、水库、湖泊、江河水中总氮的测定。检出限 0.050 mg/L，测定下限 0.200 mg/L，测定上限 100 mg/L。

2 引用标准

下列文件中的条文通过本标准的引用而成为本标准的条文，与本标准同效。

GB 11894—89 水质 总氮的测定 紫外分光光度法

当上述标准被修订时，应使用其最新版本。

3 术语与定义

下列定义适用于本标准。

气相分子吸收光谱法

在规定的分析条件下，将待测成分转变成气态分子载入测量系统，测定其对特征光谱吸收的方法。

4 原理

在碱性过硫酸钾溶液中，于 120～124℃温度下，将水样中氨、铵盐、亚硝酸盐以及大部分有机氮化合物氧化成硝酸盐后，以硝酸盐氮的形式采用气相分子吸收光谱法进行总氮的测定。

5 试剂

本标准所用试剂，除特别注明，均为符合国家标准的分析纯化学试剂；实验用水为无氨水或新制备的去离子水。

5.1 无氨水的制备：将一般去离子水用硫酸酸化至 pH＜2 后进行蒸馏，弃去最初 100 ml 馏出液，收集后面足够的馏出液，密封保存在聚乙烯容器中。

5.2 碱性过硫酸钾溶液：称取 40 g 过硫酸钾（$K_2S_2O_8$）及 15 g 氢氧化钠（NaOH），溶解于水中，加水稀释至 100 ml，存放于聚乙烯瓶中，可使用一周。

5.3 盐酸：c（HCl）=5 mol/L，优级纯。

5.4 三氯化钛：原液，含量 15%，化学纯。

5.5　无水高氯酸镁[$Mg(ClO_4)_2$]：8～10 目颗粒。

5.6　硝酸盐氮标准贮备液（1.00 mg/ml）：称取预先在 105～110℃干燥 2 h 的优级纯硝酸钠（$NaNO_3$）3.034 g，溶解于水，移入 500 ml 容量瓶中，加水稀释至标线，摇匀。

5.7　硝酸盐氮标准使用液（10.00 μg/ml）：吸取硝酸盐氮标准贮备液（5.6），用水逐级稀释而成。

6　仪器、装置及工作条件

6.1　仪器及装置

6.1.1　气相分子吸收光谱仪。

6.1.2　镉（Cd）空心阴极灯。

6.1.3　圆形不锈钢加热架。

6.1.4　可调定量加液器：300 ml 无色玻璃瓶，加液量 0～5 ml，用硅胶管连接加液嘴与样品反应瓶盖的加液管。

6.1.5　比色管：50 ml，具塞。

6.1.6　恒温水浴：双孔或 4 孔，温度 0～100℃，控温精度±2℃。

6.1.7　高压蒸汽消毒器：压力 107.8～127.4 kPa，相应温度 120～124℃。

6.1.8　气液分离装置（见图 1）：清洗瓶 1 及样品反应瓶 3 为 50 ml 的标准磨口玻璃瓶；干燥管 5 中放入无水高氯酸镁（5.5）。将各部分用 PVC 软管连接于仪器（6.1.1）。

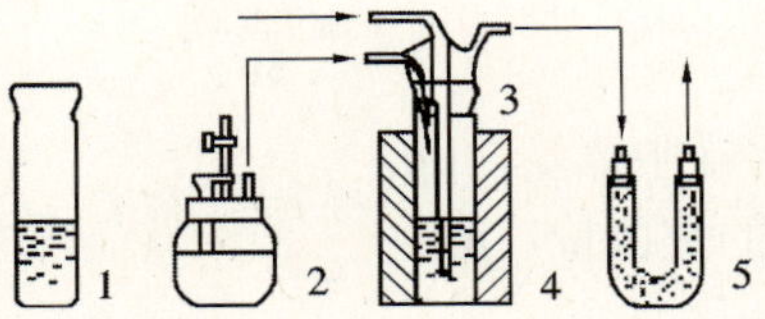

1—清洗瓶；2—定量加液器；3—样品吹气反应瓶；4—恒温水浴；5—干燥管

图 1　气液分离装置示意图

6.2　参考工作条件

空心阴极灯电流：3～5 mA；载气（空气）流量：0.5 L/min；工作波长：214.4 nm；光能量保持在 100%～117%范围内；测量方式：峰高或峰面积。

7　水样的采集与保存

水样采集在聚乙烯瓶中，用硫酸酸化至 pH＜2，在 24 h 内进行测定。

8　水样的预处理

取适量水样（总氮量 5～150 μg）置于 50 ml 比色管（6.1.5）中，各加入 10 ml 碱性过硫酸钾溶液（5.2），加水稀释至标线，密塞，摇匀。用纱布及纱绳裹紧塞子，以防溅漏。将比色管放入高压蒸汽消毒器（6.1.7）中，盖好盖子，加热至蒸汽压力达到 107.8～127.4 kPa，记录时间，50 min 后缓慢放气，待压力指针回零，趁热取出比色管充分摇匀，冷却至室温待测。同时取 40 ml 水制备空白样。

9　干扰的消除

消解后的样品，含大量高价铁离子等较多氧化性物质时，增加三氯化钛用量至溶液紫红色不褪进行测定，不影响测定结果。

10 步骤

10.1 测量系统的净化

每次测定之前，将反应瓶盖插入装有约 5 ml 水的清洗瓶中，通入载气，净化测量系统，调整仪器零点。测定后，水洗反应瓶盖和砂芯。

10.2 校准曲线的绘制

取 0.00、0.50、1.00、1.50、2.00、2.50 ml 硝酸盐氮标准使用液（5.7），分别置于样品反应瓶中，加水释至 2.5 ml，加入 2.5 ml 盐酸（5.3），放入加热架（6.1.3），于 70℃±2℃水浴（6.1.6）中加热 10 min。逐个取出样品反应瓶，立即与反应瓶盖密闭，趁热用定量加液器（6.1.4）加入 0.5 ml 三氯化钛（5.4），通入载气，依次测定各标准溶液的吸光度，以吸光度与所对应的硝酸盐氮的量（μg）绘制校准曲线。

10.3 水样的测定

取待测试样（8）2.5 ml 置于样品反应瓶中，以下操作同 10.2 校准曲线的绘制。

测定水样前，测定空白样，进行空白校正。

11 结果的计算

总氮的含量（mg/L）按下式计算：

$$\text{总氮}=\frac{m-m_0}{V\times\dfrac{2.5}{50}}$$

式中：m——根据校准曲线计算出水样中氮量，μg；

m_0——根据校准曲线计算出的空白量，μg；

V——取样体积，ml。

12 精密度和准确度

12.1 精密度

测定总氮为 3.05 mg/L±0.15 mg/L 的统一标准样品（n=6），测得结果为 2.95～3.04 mg/L，相对标准偏差 1.14%。

12.2 准确度

测定 3.05 mg/L±0.15 mg/L 的统一标样，测得平均值 3.01 mg/L，相对误差 1.3%；对地表水样加入 15.25 μg 总氮标样，测得回收率 93%～101%。

附加说明：

本标准由国家环境保护总局科技标准司提出。

本标准由上海宝钢工业检测公司宝钢环境监测站起草。

本标准由国家环境保护总局解释。

中华人民共和国环境保护行业标准

水质　化学需氧量的测定 快速消解分光光度法

HJ/T 399—2007

Water quality—Determination of the chemical oxygen demand —Fast digestion-spectrophotometric method

2007-12-07 发布　　2008-03-01 实施

警告：硫酸汞属于剧毒化学品，硫酸也具有较强的化学腐蚀性，操作时应按规定要求佩戴防护器具，避免接触皮肤和衣服，若含硫酸溶液溅出，应立即用大量清水清洗；在通风柜内进行操作；检测后的残渣残液应做妥善的安全处理。

1　适用范围

本标准规定了水质化学需氧量快速消解分光光度测定方法。

本标准适用于地表水、地下水、生活污水和工业废水中化学需氧量（COD）的测定。

本标准对未经稀释的水样，其 COD 测定下限为 15 mg/L，测定上限为 1 000 mg/L，其氯离子质量浓度不应大于 1 000 mg/L。

本标准对于化学需氧量（COD）大于 1 000 mg/L 或氯离子含量大于 1 000 mg/L 的水样，可经适当稀释后进行测定。

2　规范性引用文件

本标准内容引用了下列文件中的条款，凡是不注日期的引用文件，其最新有效版本适用于本标准。

GB/T 6682　分析实验室用水的规格和试验方法

GB/T 11896　水质　氯化物的测定　硝酸银滴定法

JJG 975　化学需氧量（COD）测定仪

3　术语和定义

下列术语和定义适用于本标准。

化学需氧量（Chemical Oxygen Demand，COD）

在一定条件下，经重铬酸钾氧化处理，水样中的溶解性物质和悬浮物所消耗的重铬酸钾的量相对应的氧的质量浓度，1 mol 重铬酸钾（1/6 $K_2Cr_2O_7$）相当于 1 mol 氧（1/2 O）。

4　原理

试样中加入已知量的重铬酸钾溶液，在强硫酸介质中，以硫酸银作为催化剂，经高温消解后，用分光光度法测定 COD 值。

当试样中 COD 值为 100～1 000 mg/L，在 600 nm±20 nm 波长处测定重铬酸钾被还原产生的三价铬（Cr^{3+}）的吸光度，试样中 COD 值与三价铬（Cr^{3+}）的吸光度的增加值成正比例关系，将三价铬（Cr^{3+}）的吸光度换算成试样的 COD 值。

当试样中 COD 值为 15～250 mg/L，在 440 nm±20 nm 波长处测定重铬酸钾未被还原的六价铬（Cr^{6+}）和被还原产生的三价铬（Cr^{3+}）的两种铬离子的总吸光度；试样中 COD 值与六价铬（Cr^{6+}）的吸光度减少值成正比例，与三价铬（Cr^{3+}）的吸光度增加值成正比例，与总吸光度减少值成正比例，将总吸光度值换算成试样的 COD 值。

5 试剂和材料

本标准所用试剂除另有注明外，均应为符合国家标准的分析纯化学试剂，实验用水为新制备的去离子水或蒸馏水。

5.1 水

应符合 GB/T 6682 一级水的相关要求。

5.2 硫酸：ρ（H_2SO_4）=1.84 g/ml。

5.3 硫酸溶液：（1+9）。

将 100 ml 硫酸（5.2）沿烧杯壁慢慢加入到 900 ml 水中，搅拌均匀，冷却备用。

5.4 硫酸银-硫酸溶液：ρ（Ag_2SO_4）=10 g/L。

将 5.0 g 硫酸银加入到 500 ml 硫酸（5.2）中，静置 1～2 d，搅拌，使其溶解。

5.5 硫酸汞溶液：ρ（$HgSO_4$）=0.24 g/ml。

将 48.0 g 硫酸汞分次加入 200 ml 硫酸溶液（5.3）中，搅拌溶解，此溶液可稳定保存 6 个月。

5.6 重铬酸钾（$K_2Cr_2O_7$）：优级纯。

5.7 重铬酸钾标准溶液

5.7.1 重铬酸标准钾溶液：c（1/6 $K_2Cr_2O_7$）=0.500 mol/L。

将重铬酸钾（5.6）在 120℃±2℃下干燥至恒重后，称取 24.515 4 g 重铬酸钾（5.6）置于烧杯中，加入 600 ml 水，搅拌下慢慢加入 100 ml 硫酸（5.2），溶解冷却后，转移此溶液于 1 000 ml 容量瓶中，用水稀释至标线，摇匀。溶液可稳定保存 6 个月。

5.7.2 重铬酸钾标准溶液：c（1/6 $K_2Cr_2O_7$）=0.160 mol/L。

将重铬酸钾（5.6）在 120℃±2℃下干燥至恒重后，称取 7.844 9 g 重铬酸钾（5.6）置于烧杯中，加入 600 ml 水，搅拌下慢慢加入 100 ml 硫酸（5.2），溶解冷却后，转移此溶液于 1 000 ml 容量瓶中，用水稀释至标线，摇匀。溶液可稳定保存 6 个月。

5.7.3 重铬酸钾标准溶液：c（1/6 $K_2Cr_2O_7$）=0.120 mol/L。

将重铬酸钾（5.6）在 120℃±2℃下干燥至恒重后，称取 5.883 7 g 重铬酸钾（5.6）置于烧杯中，加入 600 ml 水，搅拌下慢慢加入 100 ml 硫酸（5.2），溶解冷却后，转移此溶液于 1 000 ml 容量瓶中，用水稀释至标线，摇匀。溶液可稳定保存 6 个月。

5.8 预装混合试剂

5.8.1 在一支消解管（7.1）中，按表 1 的要求加入重铬酸钾溶液、硫酸汞溶液和硫酸银-硫酸溶液，拧紧盖子，轻轻摇匀，冷却至室温，避光保存。在使用前应将混合试剂摇匀。

5.8.2 配制不含汞的预装混合试剂，用硫酸溶液（5.3）代替硫酸汞溶液（5.5），按照（5.8.1）方法进行。

5.8.3 预装混合试剂在常温避光条件下，可稳定保存 1 年。

表 1　预装混合试剂及方法（试剂）标识

测定方法	测定范围/（mg/L）	重铬酸钾溶液用量/ml	硫酸汞溶液用量/ml	硫酸银-硫酸溶液用量/ml	消解管规格/mm
比色池（皿）分光光度法 (1)	高量程 100～1 000	1.00 （5.7.1）	0.50	6.00	φ20×120
					φ16×150
	低量程 15～250 或 15～150	1.00 （5.7.2）或（5.7.3）	0.50	6.00	φ20×120
					φ16×150
比色管分光光度法 (2)	高量程 100～1 000	1.00 重铬酸钾溶液（5.7.1）＋ 硫酸汞溶液（5.5）[2＋1]		4.00	φ16×120 (3)
					φ16×100
	低量程 15～150	1.00 重铬酸钾溶液（5.7.3）＋ 硫酸汞溶液（5.5）[2＋1]		4.00	φ16×120 (3)
					φ16×100

（1）比色池（皿）分光光度法的消解管可选用φ20 mm×120 mm 或φ16 mm×150 mm 规格的密封管，宜选φ20 mm×120 mm 规格的密封管；而在非密封条件下消解时应使用φ20 mm×150 mm 的消解管。

（2）比色管分光光度法的消解管可选用φ16 mm×120 mm 或φ16 mm×100 mm 规格的密封消解比色管，宜选φ16 mm×120 mm 规格的密封消解比色管；而非密封条件下消解时，应使用φ16 mm×150 mm 的消解比色管。

（3）φ16 mm×120 mm 密封消解比色管冷却效果较好。

5.9　邻苯二甲酸氢钾[$C_6H_4(COOH)(COOK)$]：基准级或优级纯。

1 mol 邻苯二甲酸氢钾[$C_6H_4(COOH)(COOK)$] 可以被 30 mol 重铬酸钾（1/6$K_2Cr_2O_7$）完全氧化，其化学需氧量相当 30 mol 的氧（1/2 O）。

5.10　邻苯二甲酸氢钾 COD 标准贮备液

5.10.1　COD 标准贮备液：COD 值 5 000 mg/L。

将邻苯二甲酸氢钾（5.10）在 105～110℃下干燥至恒重后，称取 2.127 4 g 邻苯二甲酸氢钾（5.10）溶于 250 ml 水（5.1）中，转移此溶液于 500 ml 容量瓶中，用水（5.1）稀释至标线，摇匀。此溶液在 2～8℃下贮存，或在定容前加入约 10 ml 硫酸溶液（5.3），常温贮存，可稳定保存一个月。

5.10.2　COD 标准贮备液：COD 值 1 250 mg/L。

量取 50.00 ml COD 标准贮备液（5.10.1）置于 200 ml 容量瓶中，用水（5.1）稀释至标线，摇匀。此溶液在 2～8℃下贮存，可稳定保存一个月。

5.10.3　COD 标准贮备液：COD 值 625 mg/L。

量取 25.00 ml COD 标准贮备液（5.10.1）置于 200 ml 容量瓶中，用水（5.1）稀释至标线，摇匀。此溶液在 2～8℃下贮存，可稳定保存一个月。

5.11　邻苯二甲酸氢钾 COD 标准系列使用液

5.11.1　高量程（测定上限 1 000 mg/L）COD 标准系列使用液：COD 值分别为 100 mg/L、200 mg/L、400 mg/L、600 mg/L、800 mg/L 和 1 000 mg/L。

分别量取 5.00 ml、10.00 ml、20.00 ml、30.00 ml、40.00 ml 和 50.00 ml 的 COD 标准贮备液（5.10.1），加入到相应的 250 ml 容量瓶中，用水（5.1）定容至标线，摇匀。此溶液在 2～8℃下贮存，可稳定保存一个月。

5.11.2　低量程（测定上限 250 mg/L）COD 标准系列使用溶液：COD 值分别为 25 mg/L、50 mg/L、100 mg/L、150 mg/L、200 mg/L 和 250 mg/L。

分别量取 5.00 ml、10.00 ml、20.00 ml、30.00 ml、40.00 ml 和 50.00 ml COD 标准贮备液（5.10.2）加入到相应的 250 ml 容量瓶中，用水（5.1）稀释至标线，摇匀。此溶液在 2～8℃下贮存，可稳定保存一个月。

5.11.3　低量程（测定上限 150 mg/L）COD 标准系列使用溶液：COD 值分别为 25 mg/L、50 mg/L、

75 mg/L、100 mg/L、125 mg/L 和 150 mg/L。

分别量取 10.00 ml、20.00 ml、30.00 ml、40.00 ml、50.00 ml 和 60.00 ml COD 标准贮备液（5.10.3）加入到相应的 250 ml 容量瓶中，用水（5.1）稀释至标线，摇匀。此溶液在 2～8℃下贮存，可稳定保存一个月。

5.12　硝酸银溶液：c（$AgNO_3$）=0.1 mol/L。

将 17.1 g 硝酸银溶于 1 000 ml 水。

5.13　铬酸钾溶液：ρ（K_2CrO_4）=50 g/L。

将 5.0 g 铬酸钾溶解于少量水中，滴加硝酸银溶液（5.12）至有红色沉淀生成，摇匀，静置 12 h，过滤并用水将滤液稀释至 100 ml。

6　干扰及消除

6.1　氯离子是主要的干扰成分，水样中含有氯离子会使测定结果偏高，加入适量硫酸汞与氯离子形成可溶性氯化汞配合物，可减少氯离子的干扰，选用低量程方法测定 COD，也可减少氯离子对测定结果的影响。

6.2　在 600 nm±20 nm 处测试时，Mn（Ⅲ）、Mn（Ⅵ）或 Mn（Ⅶ）形成红色物质，会引起正偏差，其 500 mg/L 的锰溶液（硫酸盐形式）引起正偏差 COD 值为 1 083 mg/L，其 50 mg/L 的锰溶液（硫酸盐形式）引起正偏差 COD 值为 121 mg/L；而在 440 nm±20 nm 处，则 500 mg/L 的锰溶液（硫酸盐形式）的影响比较小，引起的偏差 COD 值为－7.5 mg/L，50 mg/L 的锰溶液（硫酸盐形式）的影响可忽略不计。

6.3　在酸性重铬酸钾条件下，一些芳香烃类有机物、吡啶等化合物难以氧化，其氧化率较低。

6.4　试样中的有机氮通常转化成铵离子，铵离子不被重铬酸钾氧化。

7　仪器和设备

7.1　消解管

7.1.1　消解管应由耐酸玻璃制成，在 165℃温度下能承受 600 kPa 的压力，管盖应耐热耐酸，使用前所有的消解管和管盖均应无任何破损或裂纹。

7.1.2　首次使用的消解管，应按以下方法进行清洗：

在消解管中加入适量的硫酸银-硫酸溶液（5.4）和重铬酸钾溶液（5.7.1）的混合液[6＋1]，也可用铬酸洗液代替混合液。

拧紧管盖，在 60～80℃水浴中加热管子，手执管盖，颠倒摇动管子，反复洗涤管内壁。

室温冷却后，拧开盖子，倒出混合液，再用水冲洗净管盖和消解管内外壁。

7.1.3　当消解管作为比色管进行光度测定时，应从一批消解管中随机选取 5～10 支，加入 5 ml 水（5.1），在选定的波长处测定其吸光度值，吸光度值的差值应在±0.005 之内。

7.1.4　消解管作比色管应符合使用说明书的要求，消解管用于光度测定的部位不应有擦痕和粗糙；在放入光度计前应确保管子外壁非常洁净。

7.2　加热器

7.2.1　加热器应具有自动恒温加热、计时鸣叫等功能，有透明且通风的防消解液飞溅的防护盖。

7.2.2　加热器加热时不会产生局部过热现象。加热孔的直径应能使消解管与加热壁紧密接触。为保证消解反应液在消解管内有充分的加热消解和冷却回流，加热孔深度一般不低于或高于消解管内消解反应液高度 5 mm。

7.2.3　加热器加热后应在 10 min 内达到设定的 165℃±2℃温度，其他指标及检验参照 JJG 975 的有关要求。

7.3 光度计

光度测量范围不小于 0～2 吸光度范围，数字显示灵敏度为 0.001 吸光度值。

7.3.1 普通光度计

在测定波长处，可用普通长方形比色皿测定的光度计。

7.3.2 专用光度计

在测定波长处，用固定长方形比色皿（池）测定 COD 值的光度计或用消解比色管测定 COD 值的光度计。

宜选用消解比色管测定 COD 的专用分光计。

7.3.3 性能校正

在正常工作时，比色池（皿）或消解比色管装入适量水（5.1）调整吸光度值为 0.000 时，每隔 1 min，读取记录一次数据，20 min 内吸光度小于 0.005。光度计其他指标及检验参照 JJG 975 的有关要求。

7.4 消解管支架

不擦伤消解比色管光度测量的部位，方便消解管的放置和取出，耐 165℃热烫的支架。

7.5 离心机

可放置消解比色管进行离心分离，转速范围为 0～4 000 r/min。

7.6 手动移液器（枪）

最小分度体积不大于 0.01 ml。

7.7 A 级吸量管、容量瓶和量筒

7.8 搅拌器（机）

8 样品

8.1 水样的采集与保存

水样采集不应少于 100 ml，应保存在洁净的玻璃瓶中。采集好的水样应在 24 h 内测定，否则应加入硫酸（5.2）调节水样 pH 值≤2。在 0～4℃保存，一般可保存 7 d。

8.2 试样的制备

8.2.1 水样氯离子的测定

在试管中加入 2.00 ml 试样，再加入 0.5 ml 硝酸银溶液（5.12），充分混合，最后加入 2 滴铬酸钾溶液（5.13），摇匀，如果溶液变红，氯离子溶液低于 1 000 mg/L；如果仍为黄色，氯离子质量浓度高于 1 000 mg/L。或按 GB/T 11896 方法测定水样中氯离子的质量浓度。

8.2.2 水样的稀释

应将水样在搅拌均匀时取样稀释，一般取被稀释水样不少于 10 ml，稀释倍数小于 10 倍。水样应逐次稀释为试样。

初步判定水样的 COD 质量浓度，选择对应量程的预装混合试剂（5.8），加入相应体积的试样，摇匀，在 165℃±2℃加热 5 min，检查管内溶液是否呈现绿色，如变绿应重新稀释后再进行测定。

9 测定条件的选择

9.1 分析测定的条件见表 1 和表 2。宜选用比色管分光光度法测定水样中的 COD。

9.2 比色池（皿）分光光度法选用 φ20 mm×150 mm 规格的消解管时，消解可在非密封条件下进行。

9.3 比色管分光光度法选用 φ16 mm×150 mm 规格的消解比色管时，消解可在非密封条件下进行。

表 2 分析测定条件

测定方法	测定范围/（mg/L）	试样用量/ml	比色池（皿）或比色管规格/mm	测定波长/nm	检出限/（mg/L）
比色池（皿）分光光度法	高量程 100～1 000	3.00	20[1]	600±20	22
	低量程 15～250 或 15～150	3.00	10[1]	440±20	3.0
比色管分光光度法	高量程 100～1 000	2.00	φ16×120[2]	600±20	33
			φ16×100[2]		
	低量程 15～150	2.00	φ16×120[2]	440±20	2.3
			φ16×100[2]		

（1）长方形比色池（皿）。
（2）比色管为密封管，外径φ16 mm，壁厚 1.3 mm，长 120 mm 密封消解比色管消解时冷却效果较好。

10 分析步骤

10.1 校准曲线的绘制

10.1.1 打开加热器，预热到设定的 165℃±2℃。

10.1.2 选定预装混合试剂（5.8），摇匀试剂后再拧开消解管管盖。

10.1.3 量取相应体积的 COD 标准系列溶液（试样）沿到管内壁慢慢加入到管中。

10.1.4 拧紧消解管管盖，手执管盖颠倒摇匀消解管中溶液，用无毛纸擦净管外壁。

10.1.5 将消解管放入 165℃±2℃的加热器（7.2）的加热孔中，加热器温度略有降低，待温度升到设定的 165℃±2℃时，计时加热 15 min。

10.1.6 从加热器中取出消解管，待消解管冷却至 60℃左右时，手执管盖颠倒摇动消解管几次，使管内溶液均匀，用无毛纸擦净管外壁，静置，冷却至室温。

10.1.7 高量程方法在 600 nm±20 nm 波长处，以水（5.1）为参比液，用光度计（7.3）测定吸光度值。

低量程方法在 440 nm±20 nm 波长处，以水（5.1）为参比液，用光度计（7.3）测定吸光度值。

10.1.8 高量程COD标准系列使用溶液COD值对应其测定的吸光度值减去空白试验测定的吸光度值的差值，绘制校准曲线。

低量程 COD 标准系列使用溶液 COD 值对应空白试验测定的吸光度值减去其测定的吸光度值的差值，绘制校准曲线。

10.2 空白试验

用水代替试样，按照 10.1.1 至 10.1.7 的步骤测定其吸光度值，空白试验应与试样同时测定。

10.3 试样的测定

10.3.1 按照表 1 和表 2 的方法的要求选定对应的预装混合试剂（5.8），将已稀释好的试样（8.2）在搅拌均匀时，取相应体积的试样（8.2）。

10.3.2 按照 10.1.1 至 10.1.8 的步骤进行测定。

10.3.3 若试样中含有氯离子时，选用含汞预装混合试剂（5.8）进行氯离子的掩蔽。

在加热消解前，应颠倒摇动消解管，使氯离子同 Ag_2SO_4 易形成 AgCl 白色乳状块消失。

10.3.4 若消解液混浊或有沉淀，影响比色测定时，应用离心机离心变清后，再用光度计测定。

若消解液颜色异常或离心后不能变澄清的样品不适用本测定方法。

10.3.5 若消解管底部有沉淀影响比色测定时，应小心将消解管中上清液转入比色池（皿）中测定。

10.3.6 测定的 COD 值由相应的校准曲线查得，或由光度计自动计算得出。

11　结果计算

在 600 nm±20 nm 波长处测定时，水样 COD 的计算：

$$\rho（COD）=n[k（A_s-A_b）+a] \quad （1）$$

在 440 nm±20 nm 波长处测定时，水样 COD 的计算：

$$\rho（COD）=n[k（A_b-A_s）+a] \quad （2）$$

式中：ρ（COD）——水样 COD 值，mg/L；

n——水样稀释倍数；

k——校准曲线灵敏度，（mg/L）/L；

A_s——试样测定的吸光度值，L；

A_b——空白试验测定的吸光度值，L；

a——校准曲线截距，mg/L。

注：COD 测定值一般保留三位有效数字。

12　准确度和精密度

12.1　高量程方法测定的准确度和精密度

同一实验室平行六次测定 132 mg/L COD 标准溶液相对误差为－2.3%，511 mg/L COD 标准溶液相对误差 0.8%；

六个实验室分别测定 COD 值为 100 mg/L 的标准溶液实验室内相对标准偏差为 4.7%，实验室间相对标准偏差为 5.4%；

六个实验室分别测定 COD 值为 400 mg/L 的标准溶液实验室内相对标准偏差为 1.5%，实验室间相对标准偏差为 1.8%；

六个实验室分别测定 COD 值为 1 000 mg/L 的标准溶液实验室内相对标准偏差为 0.9%，实验室间相对标准偏差为 0.9%。

12.2　低量程方法精密度和准确度

同一实验室平行六次测定 51.9 mg/L COD 标准溶液相对误差为 2.9%；204 mg/L COD 标准溶液相对误差为 1.0%；

六个实验室分别测定 COD 值为 25.0 mg/L 的标准溶液实验室内相对标准偏差为 7.4%，实验室间相对标准偏差为 8.8%；

六个实验室分别测定 COD 值为 100 mg/L 的标准溶液实验室内相对标准偏差为 3.1%，实验室间相对标准偏差为 3.2%；

六个实验室分别测定 COD 值为 250 mg/L 的标准溶液实验室内相对标准偏差为 1.7%，实验室间相对标准偏差为 1.7%。

附加说明：

本标准由国家环境保护总局科技标准司提出。

本标准起草单位：河北省环境监测中心站。

本标准由国家环境保护总局解释。

中华人民共和国国家环境保护标准

水质　总有机碳的测定
燃烧氧化-非分散红外吸收法

HJ 501—2009
代替 GB 13193—91
和 HJ/T 71—2001

Water quality—Determination of total organic carbon—Combustion oxidation nondispersive infrared absorption method

2009-10-20 发布　　2009-12-01 实施

1　适用范围

本标准规定了测定地表水、地下水、生活污水和工业废水中总有机碳（TOC）的燃烧氧化-非分散红外吸收方法。

本标准适用于地表水、地下水、生活污水和工业废水中总有机碳（TOC）的测定，检出限为 0.1 mg/L，测定下限为 0.5 mg/L。

注 1：本标准测定 TOC 分为差减法（3.1）和直接法（3.2）。当水中苯、甲苯、环己烷和三氯甲烷等挥发性有机物含量较高时，宜用差减法测定；当水中挥发性有机物含量较少而无机碳含量相对较高时，宜用直接法测定。

注 2：当元素碳微粒（煤烟）、碳化物、氰化物、氰酸盐和硫氰酸盐存在时，可与有机碳同时测出。

注 3：水中含大颗粒悬浮物时，由于受自动进样器孔径的限制，测定结果不包括全部颗粒态有机碳。

2　术语和定义

下列术语和定义适用于本标准。

2.1　总有机碳　total organic carbon，TOC

指溶解或悬浮在水中有机物的含碳量（以质量浓度表示），是以含碳量表示水体中有机物总量的综合指标。

2.2　总碳　total carbon，TC

指水中存在的有机碳、无机碳和元素碳的总含量。

2.3　无机碳　inorganic carbon，IC

指水中存在的元素碳、二氧化碳、一氧化碳、碳化物、氰酸盐、氰化物和硫氰酸盐的含碳量。

2.4　可吹扫有机碳　purgeable organic carbon，POC

指在本标准规定条件下水中可被吹扫出的有机碳。

2.5　不可吹扫有机碳　non-purgeable organic carbon，NPOC

指在本标准规定条件下水中不可被吹扫出的有机碳。

3 方法原理

3.1 差减法测定总有机碳

将试样连同净化气体分别导入高温燃烧管和低温反应管中，经高温燃烧管的试样被高温催化氧化，其中的有机碳和无机碳均转化为二氧化碳，经低温反应管的试样被酸化后，其中的无机碳分解成二氧化碳，两种反应管中生成的二氧化碳分别被导入非分散红外检测器。在特定波长下，一定质量浓度范围内二氧化碳的红外线吸收强度与其质量浓度成正比，由此可对试样总碳（TC）和无机碳（IC）进行定量测定。

总碳与无机碳的差值，即为总有机碳。

3.2 直接法测定总有机碳

试样经酸化曝气，其中的无机碳转化为二氧化碳被去除，再将试样注入高温燃烧管中，可直接测定总有机碳。由于酸化曝气会损失可吹扫有机碳（POC），故测得总有机碳值为不可吹扫有机碳（NPOC）。

4 干扰及消除

水中常见共存离子超过下列质量浓度时：SO_4^{2-} 400 mg/L、Cl^- 400 mg/L、NO_3^- 100 mg/L、PO_4^{3-} 100 mg/L、S^{2-} 100 mg/L，可用无二氧化碳水（5.1）稀释水样，至上述共存离子质量浓度低于其干扰允许质量浓度后，再进行分析。

5 试剂和材料

本标准所用试剂除另有说明外，均应为符合国家标准的分析纯试剂。所用水均为无二氧化碳水（5.1）。

5.1 无二氧化碳水：将重蒸馏水在烧杯中煮沸蒸发（蒸发量 10%），冷却后备用。也可使用纯水机制备的纯水或超纯水。无二氧化碳水应临用现制，并经检验 TOC 质量浓度不超过 0.5 mg/L。

5.2 硫酸（H_2SO_4）：$\rho(H_2SO_4)$=1.84 g/ml。

5.3 邻苯二甲酸氢钾（$KHC_8H_4O_4$）：优级纯。

5.4 无水碳酸钠（Na_2CO_3）：优级纯。

5.5 碳酸氢钠（$NaHCO_3$）：优级纯。

5.6 氢氧化钠溶液：ρ(NaOH)=10 g/L。

5.7 有机碳标准贮备液：ρ（有机碳，C）= 400 mg/L。准确称取邻苯二甲酸氢钾（预先在 110～120℃下干燥至恒重）0.850 2 g，置于烧杯中，加水（5.1）溶解后，转移此溶液于 1 000 ml 容量瓶中，用水（5.1）稀释至标线，混匀。在 4℃条件下可保存两个月。

5.8 无机碳标准贮备液：ρ（无机碳，C）=400 mg/L。准确称取无水碳酸钠（预先在 105℃下干燥至恒重）1.763 4 g 和碳酸氢钠（预先在干燥器内干燥）1.400 0 g，置于烧杯中，加水（5.1）溶解后，转移此溶液于 1 000 ml 容量瓶中，用水（5.1）稀释至标线，混匀。在 4℃条件下可保存两周。

5.9 差减法标准使用液：ρ（总碳，C）= 200 mg/L，ρ（无机碳，C）= 100 mg/L。用单标线吸量管分别吸取 50.00 ml 有机碳标准贮备液（5.7）和无机碳标准贮备液（5.8）于 200 ml 容量瓶中，用水（5.1）稀释至标线，混匀。在 4℃条件下贮存可稳定保存一周。

5.10 直接法标准使用液：ρ（有机碳，C）= 100 mg/L，用单标线吸量管吸取 50.00 ml 有机碳标准贮备液（5.7）于 200 ml 容量瓶中，用水（5.1）稀释至标线，混匀。在 4℃条件下贮存可稳定保存一周。

5.11 载气：氮气或氧气，纯度大于 99.99%。

6 仪器和设备

本标准除非另有说明，分析时均使用符合国家 A 级标准的玻璃量器。

6.1 非分散红外吸收 TOC 分析仪。

6.2 一般实验室常用仪器。

7 样品

水样应采集在棕色玻璃瓶中并应充满采样瓶，不留顶空。水样采集后应在 24 h 内测定。否则应加入硫酸（5.2）将水样酸化至 pH≤2，在 4℃条件下可保存 7 d。

8 分析步骤

8.1 仪器的调试

按 TOC 分析仪说明书设定条件参数，进行调试。

8.2 校准曲线的绘制

8.2.1 差减法校准曲线的绘制

在一组七个 100 ml 容量瓶中，分别加入 0.00、2.00、5.00、10.00、20.00、40.00、100.00 ml 差减法标准使用液（5.9），用水（5.1）稀释至标线，混匀。配制成总碳质量浓度为 0.0、4.0、10.0、20.0、40.0、80.0、200.0 mg/L 和无机碳质量浓度为 0.0、2.0、5.0、10.0、20.0、40.0、100.0 mg/L 的标准系列溶液，按照（8.4）的步骤测定其响应值。以标准系列溶液质量浓度对应仪器响应值，分别绘制总碳和无机碳校准曲线。

8.2.2 直接法校准曲线的绘制

在一组七个 100 ml 容量瓶中，分别加入 0.00、2.00、5.00、10.00、20.00、40.00、100.00 ml 直接法标准使用液（5.10），用水（5.1）稀释至标线，混匀。配制成有机碳质量浓度为 0.0、2.0、5.0、10.0、20.0、40.0、100.0 mg/L 的标准系列溶液，按照（8.4）的步骤测定其响应值。以标准系列溶液质量浓度对应仪器响应值，绘制有机碳校准曲线。

上述校准曲线浓度范围可根据仪器和测定样品种类的不同进行调整。

8.3 空白试验

用无二氧化碳水（5.1）代替试样，按照（8.4）的步骤测定其响应值。每次试验应先检测无二氧化碳水（5.1）的 TOC 含量，测定值应不超过 0.5 mg/L。

8.4 样品测定

8.4.1 差减法

经酸化的试样，在测定前应以氢氧化钠溶液（5.6）中和至中性，取一定体积注入 TOC 分析仪进行测定，记录相应的响应值。

8.4.2 直接法

取一定体积酸化至 pH≤2 的试样注入 TOC 分析仪，经曝气除去无机碳后导入高温氧化炉，记录相应的响应值。

9 结果计算

9.1 差减法

根据所测试样响应值，由校准曲线计算出总碳和无机碳质量浓度。试样中总有机碳质量浓度为：

$$\rho(\mathrm{TOC}) = \rho(\mathrm{TC}) - \rho(\mathrm{IC})$$

式中：ρ(TOC)——试样总有机碳质量浓度，mg/L；

ρ(TC)——试样总碳质量浓度，mg/L；

ρ(IC)——试样无机碳质量浓度，mg/L。

9.2　直接法

根据所测试样响应值，由校准曲线计算出总有机碳的质量浓度ρ(TOC)。

9.3　结果表示

当测定结果小于 100 mg/L 时，保留到小数点后一位；大于等于 100 mg/L 时，保留三位有效数字。

10　精密度和准确度

六个实验室测定 TOC 质量浓度为 24.0 mg/L 的统一分发标准溶液，实验室内相对标准偏差为 2.9%，实验室间相对标准偏差为 3.9%，相对误差为 2.9%～6.3%。

六个实验室对地表水、生活污水和工业废水进行加标回收试验，差减法的回收率为 91.0%～109%，直接法的回收率为 93.0%～109%。

11　质量保证和质量控制

11.1　每次试验前应检测无二氧化碳水（5.1）的 TOC 含量，测定值应不超过 0.5 mg/L。

11.2　每次试验应带一个曲线中间点进行校核，校核点测定值和校准曲线相应点浓度的相对误差应不超过 10%。

附加说明：

本标准由环境保护部科技标准司组织制订。

本标准主要起草单位：大连市环境监测中心。

本标准由环境保护部解释。

中华人民共和国国家环境保护标准

HJ 535—2009
代替 GB 7479—87

水质　氨氮的测定　纳氏试剂分光光度法

Water quality—Determination of ammonia nitrogen—Nessler's reagent spectrophotometry

2009-12-31 发布　　2010-04-01 实施

警告：二氯化汞（$HgCl_2$）和碘化汞（HgI_2）为剧毒物质，避免经皮肤和口腔接触。

1　适用范围

本标准规定了测定水中氨氮的纳氏试剂分光光度法。

本标准适用于地表水、地下水、生活污水和工业废水中氨氮的测定。

当水样体积为 50 ml，使用 20 mm 比色皿时，本方法的检出限为 0.025 mg/L，测定下限为 0.10 mg/L，测定上限为 2.0 mg/L（均以 N 计）。

2　方法原理

以游离态的氨或铵离子等形式存在的氨氮与纳氏试剂反应生成淡红棕色络合物，该络合物的吸光度与氨氮含量成正比，于波长 420 nm 处测量吸光度。

3　干扰及消除

水样中含有悬浮物、余氯、钙镁等金属离子、硫化物和有机物时会产生干扰，含有此类物质时要作适当处理，以消除对测定的影响。

若样品中存在余氯，可加入适量的硫代硫酸钠溶液去除，用淀粉-碘化钾试纸检验余氯是否除尽。在显色时加入适量的酒石酸钾钠溶液，可消除钙镁等金属离子的干扰。若水样浑浊或有颜色时可用预蒸馏法或絮凝沉淀法处理。

4　试剂和材料

除非另有说明，分析时所用试剂均使用符合国家标准的分析纯化学试剂，实验用水为按 4.1 制备的水。

4.1　无氨水，在无氨环境中用下述方法之一制备。

4.1.1　离子交换法

蒸馏水通过强酸性阳离子交换树脂（氢型）柱，将流出液收集在带有磨口玻璃塞的玻璃瓶内。每升流出液加 10 g 同样的树脂，以利于保存。

4.1.2　蒸馏法

在 1 000 ml 的蒸馏水中，加 0.1 ml 硫酸（ρ=1.84 g/ml），在全玻璃蒸馏器中重蒸馏，弃去前 50 ml 馏出液，然后将约 800 ml 馏出液收集在带有磨口玻璃塞的玻璃瓶内。每升馏出液加 10 g 强酸性阳离子交换树脂（氢型）。

4.1.3 纯水器法

用市售纯水器临用前制备。

4.2 轻质氧化镁（MgO）

不含碳酸盐，在500℃下加热氧化镁，以除去碳酸盐。

4.3 盐酸：$\rho(HCl)=1.18$ g/ml。

4.4 纳氏试剂，可选择下列方法的一种配制。

4.4.1 二氯化汞-碘化钾-氢氧化钾（$HgCl_2$-KI-KOH）溶液

称取15.0 g氢氧化钾（KOH），溶于50 ml水中，冷却至室温。

称取5.0 g碘化钾（KI），溶于10 ml水中，在搅拌下，将2.50 g二氯化汞（$HgCl_2$）粉末分多次加入碘化钾溶液中，直到溶液呈深黄色或出现淡红色沉淀溶解缓慢时，充分搅拌混合，并改为滴加二氯化汞饱和溶液，当出现少量朱红色沉淀不再溶解时，停止滴加。

在搅拌下，将冷却的氢氧化钾溶液缓慢地加入到上述二氯化汞和碘化钾的混合液中，并稀释至100 ml，于暗处静置24 h，倾出上清液，贮于聚乙烯瓶内，用橡皮塞或聚乙烯盖子盖紧，存放暗处，可稳定1个月。

4.4.2 碘化汞-碘化钾-氢氧化钠（HgI_2-KI-NaOH）溶液

称取16.0 g氢氧化钠（NaOH），溶于50 ml水中，冷却至室温。

称取7.0 g碘化钾（KI）和10.0 g碘化汞（HgI_2），溶于水中，然后将此溶液在搅拌下，缓慢加入到上述50 ml氢氧化钠溶液中，用水稀释至100 ml。贮于聚乙烯瓶内，用橡皮塞或聚乙烯盖子盖紧，于暗处存放，有效期1年。

4.5 酒石酸钾钠溶液：$\rho=500$ g/L。

称取50.0 g酒石酸钾钠（$KNaC_4H_6O_6 \cdot 4H_2O$）溶于100 ml水中，加热煮沸以驱除氨，充分冷却后稀释至100 ml。

4.6 硫代硫酸钠溶液：$\rho=3.5$ g/L。

称取3.5 g硫代硫酸钠（$Na_2S_2O_3$）溶于水中，稀释至1 000 ml。

4.7 硫酸锌溶液：$\rho=100$ g/L。

称取10.0 g硫酸锌（$ZnSO_4 \cdot 7H_2O$）溶于水中，稀释至100 ml。

4.8 氢氧化钠溶液：$\rho=250$ g/L。

称取25 g氢氧化钠溶于水中，稀释至100 ml。

4.9 氢氧化钠溶液：$c(NaOH)=1$ mol/L。

称取4 g氢氧化钠溶于水中，稀释至100 ml。

4.10 盐酸溶液：$c(HCl)=1$ mol/L。

量取8.5 ml盐酸（4.3）于适量水中用水稀释至100 ml。

4.11 硼酸（H_3BO_3）溶液：$\rho=20$ g/L。

称取20 g硼酸溶于水，稀释至1 L。

4.12 溴百里酚蓝指示剂（bromthymol blue）：$\rho=0.5$ g/L。

称取0.05 g溴百里酚蓝溶于50 ml水中，加入10 ml无水乙醇，用水稀释至100 ml。

4.13 淀粉-碘化钾试纸

称取1.5 g可溶性淀粉于烧杯中，用少量水调成糊状，加入200 ml沸水，搅拌混匀放冷。加0.50 g碘化钾（KI）和0.50 g碳酸钠（Na_2CO_3），用水稀释至250 ml。将滤纸条浸渍后，取出晾干，于棕色瓶中密封保存。

4.14 氨氮标准溶液

4.14.1 氨氮标准贮备溶液：ρ_N =1 000 μg/ml。

称取 3.819 0 g 氯化铵（NH_4Cl，优级纯，在 100～105℃干燥 2 h），溶于水中，移入 1 000 ml 容量瓶中，稀释至标线，可在 2～5℃保存 1 个月。

4.14.2 氨氮标准工作溶液：ρ_N =10 μg/ml。

吸取 5.00 ml 氨氮标准贮备溶液（4.14.1）于 500 ml 容量瓶中，稀释至刻度。临用前配制。

5 仪器和设备

5.1 可见分光光度计：具 20 mm 比色皿。

5.2 氨氮蒸馏装置：由 500 ml 凯式烧瓶、氮球、直形冷凝管和导管组成，冷凝管末端可连接一段适当长度的滴管，使出口尖端浸入吸收液液面下。亦可使用 500 ml 蒸馏烧瓶。

6 样品

6.1 样品采集与保存

水样采集在聚乙烯瓶或玻璃瓶内，要尽快分析。如需保存，应加硫酸使水样酸化至 pH＜2，2～5℃下可保存 7 d。

6.2 样品的预处理

6.2.1 去除余氯

若样品中存在余氯，可加入适量的硫代硫酸钠溶液（4.6）去除。每加 0.5 ml 可去除 0.25 mg 余氯。用淀粉-碘化钾试纸（4.13）检验余氯是否除尽。

6.2.2 絮凝沉淀

100 ml 样品中加入 1 ml 硫酸锌溶液（4.7）和 0.1～0.2 ml 氢氧化钠溶液（4.8），调节 pH 约为 10.5，混匀，放置使之沉淀，倾取上清液分析。必要时，用经水冲洗过的中速滤纸过滤，弃去初滤液 20 ml。也可对絮凝后样品离心处理。

6.2.3 预蒸馏

将 50 ml 硼酸溶液（4.11）移入接收瓶内，确保冷凝管出口在硼酸溶液液面之下。分取 250 ml 样品，移入烧瓶中，加几滴溴百里酚蓝指示剂（4.12），必要时，用氢氧化钠溶液（4.9）或盐酸溶液（4.10）调整 pH 至 6.0（指示剂呈黄色）～7.4（指示剂呈蓝色），加入 0.25 g 轻质氧化镁（4.2）及数粒玻璃珠，立即连接氮球和冷凝管。加热蒸馏，使馏出液速率约为 10 ml/min，待馏出液达 200 ml 时，停止蒸馏，加水定容至 250 ml。

7 分析步骤

7.1 校准曲线

在 8 个 50 ml 比色管中，分别加入 0.00、0.50、1.00、2.00、4.00、6.00、8.00 和 10.00 ml 氨氮标准工作溶液（4.14.2），其所对应的氨氮含量分别为 0.0、5.0、10.0、20.0、40.0、60.0、80.0 和 100 μg，加水至标线。加入 1.0 ml 酒石酸钾钠溶液（4.5），摇匀，再加入纳氏试剂 1.5 ml（4.4.1）或 1.0 ml（4.4.2），摇匀。放置 10 min 后，在波长 420 nm 下，用 20 mm 比色皿，以水作参比，测量吸光度。

以空白校正后的吸光度为纵坐标，以其对应的氨氮含量（μg）为横坐标，绘制校准曲线。

注：根据待测样品的质量浓度也可选用 10 mm 比色皿。

7.2 样品测定

7.2.1 清洁水样：直接取 50 ml，按与校准曲线相同的步骤测量吸光度。

7.2.2 有悬浮物或色度干扰的水样：取经预处理的水样 50 ml（若水样中氨氮质量浓度超过 2 mg/L，可适当少取水样体积），按与校准曲线相同的步骤测量吸光度。

注：经蒸馏或在酸性条件下煮沸方法预处理的水样，须加一定量氢氧化钠溶液（4.9），调节水样至中性，用水稀释至 50 ml 标线，再按与校准曲线相同的步骤测量吸光度。

7.3　空白试验

用水代替水样，按与样品相同的步骤进行前处理和测定。

8　结果计算

水中氨氮的质量浓度按式（1）计算：

$$\rho_N = \frac{A_s - A_b - a}{b \times V} \tag{1}$$

式中：ρ_N——水样中氨氮的质量浓度（以 N 计），mg/L；

A_s——水样的吸光度；

A_b——空白试验的吸光度；

a——校准曲线的截距；

b——校准曲线的斜率；

V——试料体积，ml。

9　准确度和精密度

氨氮浓度为 1.21 mg/L 的标准溶液，重复性限为 0.028 mg/L，再现性限为 0.075 mg/L，回收率在 94%～104%。

氨氮浓度为 1.47 mg/L 的标准溶液，重复性限为 0.024 mg/L，再现性限为 0.066 mg/L，回收率在 95%～105%。

10　质量保证和质量控制

10.1　试剂空白的吸光度应不超过 0.030（10 mm 比色皿）。

10.2　纳氏试剂的配制

为了保证纳氏试剂有良好的显色能力，配制时务必控制 $HgCl_2$ 的加入量，至微量 HgI_2 红色沉淀不再溶解时为止。配制 100 ml 纳氏试剂所需 $HgCl_2$ 与 KI 的用量之比约为 2.3∶5。在配制时为了加快反应速度、节省配制时间，可低温加热进行，防止 HgI_2 红色沉淀的提前出现。

10.3　酒石酸钾钠的配制

酒石酸钾钠试剂中铵盐含量较高时，仅加热煮沸或加纳氏试剂沉淀不能完全除去氨。此时采用加入少量氢氧化钠溶液，煮沸蒸发掉溶液体积的 20%～30%，冷却后用无氨水稀释至原体积。

10.4　絮凝沉淀

滤纸中含有一定量的可溶性铵盐，定量滤纸中含量高于定性滤纸，建议采用定性滤纸过滤，过滤前用无氨水少量多次淋洗（一般为 100 ml）。这样可减少或避免滤纸引入的测量误差。

10.5　水样的预蒸馏

蒸馏过程中，某些有机物很可能与氨同时馏出，对测定有干扰，其中有些物质（如甲醛）可以在酸性条件（pH＜1）下煮沸除去。在蒸馏刚开始时，氨气蒸出速度较快，加热不能过快，否则造成水样暴沸，馏出液温度升高，氨吸收不完全。馏出液速率应保持在 10 ml/min 左右。

蒸馏过程中，某些有机物很可能与氨同时馏出，对测定仍有干扰，其中有些物质（如甲醛）可以在酸性条件（pH＜1）下煮沸除去。

部分工业废水，可加入石蜡碎片等做防沫剂。

10.6 蒸馏器清洗

向蒸馏烧瓶中加入 350 ml 水，加数粒玻璃珠，装好仪器，蒸馏到至少收集了 100 ml 水，将馏出液及瓶内残留液弃去。

附加说明：

本标准由环境保护部科技标准司组织制订。

本标准主要起草单位：沈阳市环境监测中心站。

本标准由环境保护部解释。

中华人民共和国国家环境保护标准

水质　氨氮的测定　水杨酸分光光度法

HJ 536—2009
代替 GB 7481—87

Water quality—Determination of ammonia nitrogen—Salicylic acid spectrophotometry

2009-12-31 发布　　2010-04-01 实施

1　适用范围

本标准规定了测定水中氨氮的水杨酸分光光度法。

本标准适用于地下水、地表水、生活污水和工业废水中氨氮的测定。

当取样体积为 8.0 ml，使用 10 mm 比色皿时，检出限为 0.01 mg/L，测定下限为 0.04 mg/L，测定上限为 1.0 mg/L（均以 N 计）。

当取样体积为 8.0 ml，使用 30 mm 比色皿时，检出限为 0.004 mg/L，测定下限为 0.016 mg/L，测定上限为 0.25 mg/L（均以 N 计）。

2　方法原理

在碱性介质（pH = 11.7）和亚硝基铁氰化钠存在下，水中的氨、铵离子与水杨酸盐和次氯酸离子反应生成蓝色化合物，在 697 nm 处用分光光度计测量吸光度。

3　干扰及消除

本方法用于水样分析时可能遇到的干扰物质及限量，详见附录 B。

苯胺和乙醇胺产生的严重干扰不多见，干扰通常由伯胺产生。氯胺、过高的酸度、碱度以及含有使次氯酸根离子还原的物质时也会产生干扰。

如果水样的颜色过深、含盐量过多，酒石酸钾盐对水样中的金属离子掩蔽能力不够，或水样中存在高浓度的钙、镁和氯化物时，需要预蒸馏。

4　试剂和材料

除非另有说明，分析时所用试剂均使用符合国家标准的分析纯化学试剂，实验用水为按 4.1 制备的水。

4.1　无氨水，在无氨环境中用下述方法之一制备。

4.1.1　离子交换法

蒸馏水通过强酸性阳离子交换树脂（氢型）柱，将流出液收集在带有磨口玻璃塞的玻璃瓶内。每升流出液加 10 g 同样的树脂，以利于保存。

4.1.2　蒸馏法

在 1 000 ml 的蒸馏水中，加 0.10 ml 硫酸（4.3），在全玻璃蒸馏器中重蒸馏，弃去前 50 ml 馏出液，然后将约 800 ml 馏出液收集在带有磨口玻璃塞的玻璃瓶内。每升馏出液加 10 g 强酸性阳离子交换树脂

（氢型）。

4.1.3 纯水器法

用市售纯水器临用前制备。

4.2 乙醇：ρ=0.79 g/ml。

4.3 硫酸：$\rho(H_2SO_4)$=1.84 g/ml。

4.4 轻质氧化镁（MgO）

不含碳酸盐，在500℃下加热氧化镁，以除去碳酸盐。

4.5 硫酸吸收液：$c(H_2SO_4)$=0.01 mol/L。

量取7.0 ml硫酸（4.3）加入水中，稀释至250 ml。临用前取10 ml，稀释至500 ml。

4.6 氢氧化钠溶液：c(NaOH)=2 mol/L。

称取8 g氢氧化钠溶于水中，稀释至100 ml。

4.7 显色剂（水杨酸-酒石酸钾钠溶液）

称取50 g水杨酸[$C_6H_4(OH)COOH$]，加入约100 ml水，再加入160 ml氢氧化钠溶液（4.6），搅拌使之完全溶解；再称取50 g酒石酸钾钠（$KNaC_4H_6O_6 \cdot 4H_2O$），溶于水中，与上述溶液合并移入1 000 ml容量瓶中，加水稀释至标线。贮存于加橡胶塞的棕色玻璃瓶中，此溶液可稳定1个月。

4.8 次氯酸钠

可购买商品试剂，亦可自己制备，详细的制备方法见附录A.1。

存放于塑料瓶中的次氯酸钠，使用前应标定其有效氯浓度和游离碱浓度（以NaOH计），标定方法见附录A.2和附录A.3。

4.9 次氯酸钠使用液：ρ（有效氯）=3.5 g/L，c（游离碱）= 0.75 mol/L。

取经标定的次氯酸钠（4.8），用水和氢氧化钠溶液（4.6）稀释成含有效氯浓度3.5 g/L，游离碱浓度0.75 mol/L（以NaOH计）的次氯酸钠使用液，存放于棕色滴瓶内，本试剂可稳定1个月。

4.10 亚硝基铁氰化钠溶液：ρ=10 g/L。

称取0.1 g亚硝基铁氰化钠{$Na_2[Fe(CN)_5NO] \cdot 2H_2O$}置于10 ml具塞比色管中，加水至标线。本试剂可稳定1个月。

4.11 清洗溶液

将100 g氢氧化钾溶于100 ml水中，溶液冷却后加900 ml乙醇（4.2），贮存于聚乙烯瓶内。

4.12 溴百里酚蓝指示剂（bromthymol blue），ρ=0.5 g/L。

称取0.05 g溴百里酚蓝溶于50 ml水中，加入10 ml乙醇（4.2），用水稀释至100 ml。

4.13 氨氮标准贮备液：ρ_N=1 000 μg/ml。

称取3.819 0 g氯化铵（NH_4Cl，优级纯，在100～105℃干燥2 h），溶于水中，移入1 000 ml容量瓶中，稀释至标线。此溶液可稳定1个月。

4.14 氨氮标准中间液：ρ_N=100 μg/ml。

吸取10.00 ml氨氮标准贮备液（4.13）于100 ml容量瓶中，稀释至标线。此溶液可稳定1周。

4.15 氨氮标准使用液：ρ_N=1 μg/ml。

吸取10.00 ml氨氮标准中间液（4.14）于1 000 ml容量瓶中，稀释至标线。临用现配。

5 仪器和设备

5.1 可见分光光度计：10～30 mm比色皿。

5.2 滴瓶：其滴管滴出液体积，20滴相当于1 ml。

5.3 氨氮蒸馏装置：由500 ml凯式烧瓶、氮球、直形冷凝管和导管组成，冷凝管末端可连接一段适当长度的滴管，使出口尖端浸入吸收液液面下。亦可使用蒸馏烧瓶。

5.4 实验室常用玻璃器皿：所有玻璃器皿均应用清洗溶液（4.11）仔细清洗，然后用水冲洗干净。

6 样品

6.1 样品采集与保存

水样采集在聚乙烯瓶或玻璃瓶内，要尽快分析。如需保存，应加硫酸使水样酸化至 pH<2，2～5℃下可保存 7 d。

6.2 水样的预蒸馏

将 50 ml 硫酸吸收液（4.5）移入接收瓶内，确保冷凝管出口在硫酸溶液液面之下。分取 250 ml 水样（如氨氮含量高，可适当少取，加水至 250 ml）移入烧瓶中，加几滴溴百里酚蓝指示剂（4.12），必要时，用氢氧化钠溶液（4.6）或硫酸溶液（4.5）调整 pH 至 6.0（指示剂呈黄色）～7.4（指示剂呈蓝色），加入 0.25 g 轻质氧化镁（4.4）及数粒玻璃珠，立即连接氮球和冷凝管。加热蒸馏，使馏出液速率约为 10 ml/min，待馏出液达 200 ml 时，停止蒸馏，加水定容至 250 ml。

7 分析步骤

7.1 校准曲线

用 10 mm 比色皿测定时，按表 1 制备标准系列。

表 1 标准系列（10mm 比色皿）

管号	0	1	2	3	4	5
标准溶液（4.15）/ml	0.00	1.00	2.00	4.00	6.00	8.00
氨氮含量/μg	0.00	1.00	2.00	4.00	6.00	8.00

用 30 mm 比色皿测定时，按表 2 制备标准系列。

表 2 标准系列（30mm 比色皿）

管号	0	1	2	3	4	5
标准溶液（4.15）/ml	0.00	0.40	0.80	1.20	1.60	2.00
氨氮含量/μg	0.00	0.40	0.80	1.20	1.60	2.00

根据表 1 或表 2，取 6 支 10 ml 比色管，分别加入上述氨氮标准使用液（4.15），用水稀释至 8.00 ml，按 7.2 步骤测量吸光度。以扣除空白的吸光度为纵坐标，以其对应的氨氮含量（μg）为横坐标绘制校准曲线。

7.2 样品测定

取水样或经过预蒸馏的试料 8.00 ml（当水样中氨氮质量浓度高于 1.0 mg/L 时，可适当稀释后取样）于 10 ml 比色管中。加入 1.00 ml 显色剂（4.7）和 2 滴亚硝基铁氰化钠（4.10），混匀。再滴入 2 滴次氯酸钠使用液（4.9）并混匀，加水稀释至标线，充分混匀。

显色 60 min 后，在 697 nm 波长处，用 10 mm 或 30 mm 比色皿，以水为参比测量吸光度。

7.3 空白试验

以水代替水样，按与样品分析相同的步骤进行预处理和测定。

8 结果表示

水样中氨氮的质量浓度按式（1）计算：

$$\rho_N=\frac{A_s-A_b-a}{b\times V}\times D \quad (1)$$

式中：ρ_N——水样中氨氮的质量浓度（以 N 计），mg/L；

A_s——样品的吸光度；

A_b——空白试验（7.3）的吸光度；

a——校准曲线的截距；

b——校准曲线的斜率；

V——所取水样的体积，ml；

D——水样的稀释倍数。

9 准确度和精密度

表 3 标准样品和实际样品的准确度和精密度

样品	氨氮质量浓度ρ_N/（mg/L）	重复次数	标准偏差/（mg/L）	相对标准偏差/%	相对误差/%
标准样品 1	0.477	10	0.014	2.94	2.4
标准样品 2	0.839	10	0.013	1.55	1.6
地表水	0.277	10	0.010	3.61	—
污水	4.69	10	0.053	1.13	—
注：来自一个实验室的数据。					

10 质量保证和质量控制

10.1 试剂空白的吸光度应不超过 0.030（光程 10 mm 比色皿）。

10.2 水样的预蒸馏

蒸馏过程中，某些有机物很可能与氨同时馏出，对测定有干扰，其中有些物质（如甲醛）可以在酸性条件（pH<1）下煮沸除去。在蒸馏刚开始时，氨气蒸出速度较快，加热不能过快，否则造成水样暴沸，馏出液温度升高，氨吸收不完全。馏出液速率应保持在 10 ml/min 左右。

部分工业废水，可加入石蜡碎片等做防沫剂。

10.3 蒸馏器的清洗

向蒸馏烧瓶中加入 350 ml 水，加数粒玻璃珠，装好仪器，蒸馏到至少收集了 100 ml 水，将馏出液及瓶内残留液弃去。

10.4 显色剂的配制

若水杨酸未能全部溶解，可再加入数毫升氢氧化钠溶液（4.6），直至完全溶解为止，并用 1 mol/L 的硫酸调节溶液的 pH 值在 6.0～6.5。

附　录　A

（规范性附录）

次氯酸钠溶液的制备方法及其有效氯浓度和游离碱浓度的标定

A.1　次氯酸钠溶液的制备方法

将盐酸（ρ=1.19 g/ml）逐滴作用于高锰酸钾固体，将逸出的氯气导入 2 mol/L 氢氧化钠吸收液中吸收，生成淡草绿色的次氯酸钠溶液，存放于塑料瓶中。因该溶液不稳定，使用前应标定其有效氯浓度。

A.2　次氯酸钠溶液中有效氯含量的测定

吸取 10.0 ml 次氯酸钠（4.8）于 100 ml 容量瓶中，加水稀释至标线，混匀。移取 10.0 ml 稀释后的次氯酸钠溶液于 250 ml 碘量瓶中，加入蒸馏水 40 ml，碘化钾 2.0 g，混匀。再加入 6 mol/L 硫酸溶液 5 ml，密塞，混匀。置暗处 5 min 后，用 0.10 mol/L 硫代硫酸钠溶液滴至淡黄色，加入约 1 ml 淀粉指示剂，继续滴至蓝色消失为止。其有效氯质量浓度按式（A.1）计算：

$$\text{有效氯（g/L，以 }Cl_2\text{ 计）}=\frac{c\times V\times 35.45}{10.0}\times\frac{100}{10} \qquad \text{(A.1)}$$

式中：c ——硫代硫酸钠溶液的浓度，mol/L；

V ——滴定时消耗硫代硫酸钠溶液的体积，ml；

35.45——有效氯的摩尔质量（$1/2Cl_2$），g/mol。

A.3　次氯酸钠溶液中游离碱（以 NaOH 计）的测定

A.3.1　盐酸溶液的标定

碳酸钠标准溶液：$c(1/2Na_2CO_3)$=0.100 0 mol/L。称取经 180℃干燥 2 h 的无水碳酸钠 2.650 0 g，溶于新煮沸放冷的水中，移入 500 ml 容量瓶中，稀释至标线。

甲基红指示剂：ρ=0.5 g/L。称取 50 mg 甲基红溶于 100 ml 乙醇（4.2）中。

盐酸标准滴定溶液：$c(HCl)$=0.10 mol/L。取 8.5 ml 盐酸（ρ=1.19 g/L）于 1 000 ml 容量瓶中，用水稀释至标线。标定方法：移取 25.00 ml 碳酸钠标准溶液于 150 ml 锥形瓶中，加 25 ml 水和 1 滴甲基红指示剂，用盐酸标准滴定溶液滴定至淡红色为止。用式（A.2）计算盐酸的浓度：

$$c(HCl)=\frac{c_1\times V_1}{V_2} \qquad \text{(A.2)}$$

式中：c ——盐酸标准滴定溶液的浓度，mol/L；

c_1 ——碳酸钠标准溶液的浓度，mol/L；

V_1 ——碳酸钠标准溶液的体积，ml；

V_2 ——盐酸标准滴定溶液的体积，ml。

A.3.2　次氯酸钠溶液中游离碱（以 NaOH 计）的测定

吸取次氯酸钠（4.8）1.0 ml 于 150 ml 锥形瓶中，加 20 ml 水，以酚酞作指示剂，用 0.10 mol/L 盐酸标准滴定溶液滴定至红色消失为止。如果终点的颜色变化不明显，可在滴定后的溶液中加 1 滴酚酞指示剂，若颜色仍显红色，则继续用盐酸标准滴定溶液滴至无色。

$$\text{游离碱的浓度（mol/L，以 NaOH 计）} = \frac{c(\mathrm{HCl}) \times v(\mathrm{HCl})}{V} \qquad (\mathrm{A.3})$$

式中：$c(\mathrm{HCl})$——盐酸标准溶液的浓度，mol/L；

$v(\mathrm{HCl})$——滴定时消耗的盐酸溶液的体积，ml；

V——滴定时吸取的次氯酸钠溶液的体积，ml。

附 录 B
（资料性附录）
共存离子的影响及其消除

经实验，酒石酸盐和柠檬酸盐均可作为掩蔽剂使用。本标准采用酒石酸盐作掩蔽剂。按实验方法测定 4 μg 氨氮时，下表中列出的离子量对实验无干扰。

共存离子	允许量/μg	共存离子	允许量/μg	共存离子	允许量/μg
钙（Ⅱ）	500	钼（Ⅵ）	100	硼（Ⅲ）	250
镁（Ⅱ）	500	钴（Ⅱ）	50	硫酸根	2×10^4
铝（Ⅲ）	50	镍（Ⅱ）	1 000	磷酸根	500
锰（Ⅱ）	20	铍（Ⅱ）	100	硝酸根	500
铜（Ⅱ）	250	钛（Ⅳ）	20	亚硝酸根	200
铅（Ⅱ）	50	钒（Ⅴ）	500	氟离子	500
锌（Ⅱ）	100	镧（Ⅲ）	500	氯离子	1×10^5
镉（Ⅱ）	50	铈（Ⅳ）	50	二苯胺	50
铁（Ⅲ）	250	钆（Ⅲ）	500	三乙醇胺	50
汞（Ⅱ）	10	银（Ⅰ）	50	苯胺	1
铬（Ⅵ）	200	锑（Ⅲ）	100	乙醇胺	1
钨（Ⅵ）	1 000	锡（Ⅳ）	50		
铀（Ⅵ）	100	砷（Ⅲ）	100		

附加说明：

本标准由环境保护部科技标准司组织制订。

本标准主要起草单位：沈阳市环境监测中心站。

本标准由环境保护部解释。

中华人民共和国国家环境保护标准

水质　氨氮的测定　蒸馏-中和滴定法

HJ 537—2009
代替 GB 7478—87

Water quality—Determination of ammonia nitrogen—Distillation-neutralizetion titration

2009-12-31 发布　　2010-04-01 实施

1　适用范围

本标准规定了测定水中氨氮的蒸馏-中和滴定法。

本标准适用于生活污水和工业废水中氨氮的测定。

当试样体积为 250 ml 时，方法的检出限为 0.05 mg/L（均以 N 计）。

2　方法原理

调节水样的 pH 值在 6.0～7.4，加入轻质氧化镁使呈微碱性，蒸馏释出的氨用硼酸溶液吸收。以甲基红-亚甲蓝为指示剂，用盐酸标准溶液滴定馏出液中的氨氮（以 N 计）。

3　干扰及消除

在本标准规定的条件下可以蒸馏出来的能够与酸反应的物质均干扰测定。例如，尿素、挥发性胺和氯化样品中的氯胺等。

4　试剂和材料

除非另有说明，分析时所用试剂均使用符合国家标准的分析纯化学试剂，实验用水为按 4.1 制备的水。

4.1　无氨水，在无氨环境中用下述方法之一制备（无氨水的检查见 10.1）。

4.1.1　离子交换法

蒸馏水通过强酸性阳离子交换树脂（氢型）柱，将流出液收集在带有磨口塞的玻璃瓶内。每升流出液加 10 g 同样的树脂，以利于保存。

4.1.2　蒸馏法

在 1 000 ml 的蒸馏水中，加 0.1 ml 硫酸（4.2），在全玻璃蒸馏器中重蒸馏，弃去前 50 ml 馏出液，然后将约 800 ml 馏出液收集在带有磨口塞的玻璃瓶内。每升馏出液加 10 g 强酸性阳离子交换树脂（氢型）。

4.1.3　纯水器法

用市售纯水器直接制备。

4.2　硫酸：$\rho(H_2SO_4)$= 1.84 g/ml。

4.3　盐酸：ρ=1.19 g/ml。

4.4 无水乙醇：ρ=0.79 g/ml。

4.5 无水碳酸钠（Na_2CO_3），基准试剂。

4.6 轻质氧化镁（MgO），不含碳酸盐。

在 500℃下加热，以除去碳酸盐。

4.7 氢氧化钠溶液：c(NaOH)=1 mol/L。

称取 20 g 氢氧化钠（NaOH）溶于约 200 ml 水中，冷却至室温，稀释至 500 ml。

4.8 硫酸溶液：$c(1/2H_2SO_4)$=1 mol/L。

量取 2.8 ml 硫酸（4.2）缓慢加入 100 ml 水中。

4.9 硼酸（H_3BO_3）吸收液：ρ=20 g/L。

称取 20 g 硼酸溶于水，稀释至 1 000 ml。

4.10 甲基红指示液：ρ=0.5 g/L。

称取 50 mg 甲基红溶于 100 ml 乙醇（4.4）中。

4.11 溴百里酚蓝（bromthymol blue）指示剂：ρ=1 g/L。

称取 0.10 g 溴百里酚蓝溶于 50 ml 水中，加入 20 ml 乙醇（4.4），用水稀释至 100 ml。

4.12 混合指示剂

称取 200 mg 甲基红溶于 100 ml 乙醇（4.4）中；另称取 100 mg 亚甲蓝溶于 100 ml 乙醇（4.4）中。取两份甲基红溶液与一份亚甲蓝溶液混合备用，此溶液可稳定 1 个月。

4.13 碳酸钠标准溶液：$c(1/2Na_2CO_3)$=0.020 0 mol/L。

称取经 180℃干燥 2 h 的无水碳酸钠（4.5）0.530 0 g，溶于新煮沸放冷的水中，移入 500 ml 容量瓶中，稀释至标线。

4.14 盐酸标准滴定溶液：c(HCl)=0.02 mol/L。

量取 1.7 ml 盐酸（4.3）于 1 000 ml 容量瓶中，用水稀释至标线。

标定方法：移取 25.00 ml 碳酸钠标准溶液（4.13）于 150 ml 锥形瓶中，加 25 ml 水，加 1 滴甲基红指示液（4.10），用盐酸标准溶液（4.14）滴定至淡红色为止。记录消耗的体积。用式（1）计算盐酸溶液（4.14）的浓度：

$$c(\mathrm{HCl})=\frac{c_1\times V_1}{V_2} \qquad (1)$$

式中：c ——盐酸标准滴定溶液（4.14）的浓度，mol/L；

c_1——碳酸钠标准溶液（4.13）的浓度，mol/L；

V_1——碳酸钠标准溶液（4.13）的体积，ml；

V_2——消耗的盐酸标准滴定溶液（4.14）的体积，ml。

4.15 玻璃珠

4.16 防沫剂，如石蜡碎片。

5 仪器和设备

5.1 氨氮蒸馏装置：由 500 ml 凯式烧瓶、氮球、直形冷凝管和导管组成，冷凝管末端可连接一段适当长度的滴管，使出口尖端浸入吸收液液面下。亦可使用蒸馏烧瓶。

5.2 酸式滴定管：50 ml。

6 样品

6.1 样品保存

水样采集在聚乙烯瓶或玻璃瓶内，要尽快分析。如需保存，应加硫酸使水样酸化至 pH<2，2～5℃下可保存 7 d。

6.2 样品预蒸馏

将 50 ml 硼酸吸收液（4.9）移入接收瓶内，确保冷凝管出口在硼酸溶液液面之下。分取 250 ml 水样（如氨氮含量高，可适当少取水样，加水至 250 ml）移入烧瓶中，加 2 滴溴百里酚蓝指示剂（4.11），必要时，用氢氧化钠溶液（4.7）或硫酸溶液（4.8）调整 pH 至 6.0（指示剂呈黄色）～7.4（指示剂呈蓝色），加入 0.25 g 轻质氧化镁（4.6）及数粒玻璃珠，必要时加入防沫剂（4.16），立即连接氮球和冷凝管加热蒸馏，使馏出液速率约为 10 ml/min，待馏出液达 200 ml 时，停止蒸馏。

7 分析步骤

7.1 样品分析

将全部馏出液转移到锥形瓶中，加入 2 滴混合指示剂（4.12），用盐酸标准滴定溶液（4.14）滴定，至馏出液由绿色变成淡紫色为终点，并记录消耗的盐酸标准滴定溶液的体积 V_s。

7.2 空白试验

用 250 ml 水代替水样，按 6.2 进行预蒸馏，按 7.1 进行滴定，并记录消耗的盐酸标准滴定溶液的体积 V_b。

8 结果计算

水样中氨氮的浓度用式（2）计算：

$$\rho_N = \frac{V_s - V_b}{V} \times c \times 14.01 \times 1000 \tag{2}$$

式中：ρ_N——水样中氨氮的浓度（以 N 计），mg/L；

V——试样的体积，ml；

V_s——滴定试样所消耗的盐酸标准滴定溶液的体积，ml；

V_b——滴定空白所消耗的盐酸标准滴定溶液的体积，ml；

c——滴定用盐酸标准溶液的浓度，mol/L；

14.01——氮的原子量，g/mol。

9 准确度和精密度

表 1 标准样品和实际样品的准确度和精密度

样品	氨氮含量/（mg/L）	重复性限 r/（mg/L）	再现性限 R/（mg/L）	相对误差/%
标样 1	2.76	0.106	0.146	0.73
标样 2	23.8	0.641	1.39	−0.42
地表水	6.60	0.109	0.515	—
生活污水	21.4	0.694	3.09	—
注：由 5 家实验室参加验证，每家实验室对每个样品重复测定次数均为 6 次。				

10　质量保证和质量控制

10.1　无氨水的检查：用盐酸标准溶液（4.14）滴定 250 ml 水，消耗盐酸标准溶液的体积不得大于 0.04 ml。

10.2　蒸馏器清洗：向蒸馏烧瓶中加入 350 ml 水，加数粒玻璃珠（4.15），装好仪器，蒸馏到至少收集了 100 ml 水，将馏出液及瓶内残留液弃去。

10.3　预蒸馏：在蒸馏刚开始时氨气蒸出速度较快，加热不能过快，否则造成水样暴沸、馏出液温度升高、氨吸收不完全，馏出液速率应保持在 10 ml/min 左右。如果水样中存在余氯，应再加入几粒结晶硫代硫酸钠（$Na_2S_2O_3$ 或 $Na_2S_2O_3 \cdot 5H_2O$）去除。

10.4　标定盐酸标准滴定溶液时，至少平行滴定 3 次，平行滴定的最大允许偏差不大于 0.05 ml。

附加说明：

本标准由环境保护部科技标准司组织制订。

本标准主要起草单位：沈阳市环境监测中心站。

本标准由环境保护部解释。

中华人民共和国国家环境保护标准

水质 总汞的测定 冷原子吸收分光光度法

HJ 597—2011
代替 GB 7468—87

Water quality—Determination of total mercury—
Cold atomic absorption spectrophotometry

2011-02-10 发布　　2011-06-01 实施

警告：重铬酸钾、汞及其化合物毒性很强，操作时应加强通风，操作人员应佩戴防护器具，避免接触皮肤和衣物。

1 适用范围

本标准规定了测定水中总汞的冷原子吸收分光光度法。

本标准适用于地表水、地下水、工业废水和生活污水中总汞的测定。若有机物含量较高，本标准规定的消解试剂最大用量不足以氧化样品中有机物时，则本标准不适用。

采用高锰酸钾-过硫酸钾消解法和溴酸钾-溴化钾消解法，当取样量为 100 ml 时，检出限为 0.02 μg/L，测定下限为 0.08 μg/L；当取样量为 200 ml 时，检出限为 0.01 μg/L，测定下限为 0.04 μg/L。采用微波消解法，当取样量为 25 ml 时，检出限为 0.06 μg/L，测定下限为 0.24 μg/L。

2 术语和定义

下列术语和定义适用于本标准。

总汞　total mercury

指未经过滤的样品经消解后测得的汞，包括无机汞和有机汞。

3 方法原理

在加热条件下，用高锰酸钾和过硫酸钾在硫酸-硝酸介质中消解样品；或用溴酸钾-溴化钾混合剂在硫酸介质中消解样品；或在硝酸-盐酸介质中用微波消解仪消解样品。

消解后的样品中所含汞全部转化为二价汞，用盐酸羟胺将过剩的氧化剂还原，再用氯化亚锡将二价汞还原成金属汞。在室温下通入空气或氮气，将金属汞气化，载入冷原子吸收汞分析仪，于 253.7 nm 波长处测定响应值，汞的含量与响应值成正比。

4 干扰和消除

4.1 采用高锰酸钾-过硫酸钾消解法消解样品，在 0.5 mol/L 的盐酸介质中，样品中离子超过下列质量浓度时，即 Cu^{2+} 500 mg/L、Ni^{2+} 500 mg/L、Ag^{+} 1 mg/L、Bi^{3+} 0.5 mg/L、Sb^{3+} 0.5 mg/L、Se^{4+} 0.05 mg/L、As^{5+} 0.5 mg/L、I^{-} 0.1 mg/L，对测定产生干扰。可通过用水（5.1）适当稀释样品来消除这些离子的干扰。

4.2 采用溴酸钾-溴化钾法消解样品，当洗净剂质量浓度大于等于 0.1 mg/L 时，汞的回收率小于 67.7%。

5　试剂和材料

除非另有说明，分析时均使用符合国家标准的分析纯试剂，实验用水为无汞水。

5.1　无汞水：一般使用二次重蒸水或去离子水，也可使用加盐酸（5.4）酸化至 pH=3，然后通过巯基棉纤维管（5.11.1）除汞后的普通蒸馏水。

5.2　重铬酸钾（$K_2Cr_2O_7$）：优级纯。

5.3　浓硫酸：$\rho(H_2SO_4)$= 1.84 g/ml，优级纯。

5.4　浓盐酸：$\rho(HCl)$= 1.19 g/ml，优级纯。

5.5　浓硝酸：$\rho(HNO_3)$= 1.42 g/ml，优级纯。

5.6　硝酸溶液：1+1。

量取 100 ml 浓硝酸（5.5），缓慢倒入 100 ml 水（5.1）中。

5.7　高锰酸钾溶液：$\rho(KMnO_4)$= 50 g/L。

称取 50 g 高锰酸钾（优级纯，必要时重结晶精制）溶于少量水（5.1）中。然后用水（5.1）定容至 1 000 ml。

5.8　过硫酸钾溶液：$\rho(K_2S_2O_8)$= 50 g/L。

称取 50 g 过硫酸钾溶于少量水（5.1）中。然后用水（5.1）定容至 1 000 ml。

5.9　溴酸钾-溴化钾溶液（简称溴化剂）：$c(KBrO_3)$= 0.1 mol/L，$\rho(KBr)$= 10 g/L。

称取 2.784 g 溴酸钾（优级纯）溶于少量水（5.1）中，加入 10 g 溴化钾。溶解后用水（5.1）定容至 1 000 ml，置于棕色试剂瓶中保存。若见溴释出，应重新配制。

5.10　巯基棉纤维：

于棕色磨口广口瓶中，依次加入 100 ml 硫代乙醇酸（$CH_2SHCOOH$）、60 ml 乙酸酐[$(CH_3CO)_2O$]、40 ml 36%乙酸（CH_3COOH）、0.3 ml 浓硫酸（5.3），充分混匀，冷却至室温后，加入 30 g 长纤维脱脂棉，铺平，使之浸泡完全，用水冷却，待反应产生的热散去后，加盖，放入（40±2）℃烘箱中 2～4 d 后取出。用耐酸过滤器抽滤，用水（5.1）充分洗涤至中性后，摊开，于 30～35℃下烘干。成品置于棕色磨口广口瓶中，避光低温保存。

5.11　盐酸羟胺溶液：$\rho(NH_2OH \cdot HCl)$= 200 g/L。

称取 200 g 盐酸羟胺溶于适量水（5.1）中，然后用水（5.1）定容至 1 000 ml。该溶液常含有汞，应提纯。当汞含量较低时，采用巯基棉纤维管除汞法；当汞含量较高时，先按萃取除汞法除掉大量汞，再按巯基棉纤维管除汞法除尽汞。

5.11.1　巯基棉纤维管除汞法：在内径 6～8 mm、长约 100 mm、一端拉细的玻璃管，或 500 ml 分液漏斗放液管中，填充 0.1～0.2 g 巯基棉纤维（5.10），将待净化试剂以 10 ml/min 速度流过一至二次即可除尽汞。

5.11.2　萃取除汞法：量取 250 ml 盐酸羟胺溶液（5.11）倒入 500 ml 分液漏斗中，每次加入 0.1 g/L 双硫腙（$C_{13}H_{12}N_4S$）的四氯化碳（CCl_4）溶液 15 ml，反复进行萃取，直至含双硫腙的四氯化碳溶液保持绿色不变为止。然后用四氯化碳萃取，以除去多余的双硫腙。

5.12　氯化亚锡溶液：$\rho(SnCl_2)$= 200 g/L。

称取 20 g 氯化亚锡（$SnCl_2 \cdot 2H_2O$）于干燥的烧杯中，加入 20 ml 浓盐酸（5.4），微微加热。待完全溶解后，冷却，再用水（5.1）稀释至 100 ml。若含有汞，可通入氮气或空气去除。

5.13　重铬酸钾溶液：$\rho(K_2Cr_2O_7)$= 0.5 g/L。

称取 0.5 g 重铬酸钾（5.2）溶于 950 ml 水（5.1）中，再加入 50 ml 浓硝酸（5.5）。

5.14　汞标准贮备液：$\rho(Hg)$= 100 mg/L。

称取置于硅胶干燥器中充分干燥的 0.135 4 g 氯化汞（$HgCl_2$），溶于重铬酸钾溶液（5.13）后，转移至 1 000 ml 容量瓶中，再用重铬酸钾溶液（5.13）稀释至标线，混匀。也可购买有证标准溶液。

5.15 汞标准中间液：ρ(Hg)= 10.0 mg/L。

量取 10.00 ml 汞标准贮备液（5.14）至 100 ml 容量瓶中。用重铬酸钾溶液（5.13）稀释至标线，混匀。

5.16 汞标准使用液Ⅰ：ρ(Hg)= 0.1 mg/L。

量取 10.00 ml 汞标准中间液（5.15）至 1 000 ml 容量瓶中。用重铬酸钾溶液（5.13）稀释至标线，混匀。室温阴凉处放置，可稳定 100 d 左右。

5.17 汞标准使用液Ⅱ：ρ(Hg)=10 μg/L。

量取 10.00 ml 汞标准使用液Ⅰ（5.16）至 100 ml 容量瓶中。用重铬酸钾溶液（5.13）稀释至标线，混匀。临用现配。

5.18 稀释液：

称取 0.2 g 重铬酸钾（5.2）溶于 900 ml 水（5.1）中，再加入 27.8 ml 浓硫酸（5.3），用水（5.1）稀释至 1 000 ml。

5.19 仪器洗液：

称取 10 g 重铬酸钾（5.2）溶于 9 L 水中，加入 1 000 ml 浓硝酸（5.5）。

6 仪器和设备

6.1 冷原子吸收汞分析仪，具空心阴极灯或无极放电灯。

6.2 反应装置：总容积为 250 ml、500 ml，具有磨口，带莲蓬形多孔吹气头的玻璃翻泡瓶，或与仪器相匹配的反应装置。

注：采用密闭式反应装置可测定更低含量的汞，反应装置详见附录 A。

6.3 微波消解仪：具有升温程序功能。

6.4 可调温电热板或高温电炉。

6.5 恒温水浴锅：温控范围为室温至 100℃。

6.6 微波消解罐。

6.7 样品瓶：500 ml、1 000 ml，硼硅玻璃或高密度聚乙烯材质。

6.8 一般实验室常用仪器和设备。

7 样品

7.1 样品的采集和保存

7.1.1 采集水样时，样品应尽量充满样品瓶，以减少器壁吸附。工业废水和生活污水样品采集量应不少于 500 ml，地表水和地下水样品采集量应不少于 1 000 ml。

7.1.2 采样后应立即以每升水样中加入 10 ml 浓盐酸（5.4）的比例对水样进行固定，固定后水样的 pH 值应小于 1，否则应适当增加浓盐酸（5.4）的加入量，然后加入 0.5 g 重铬酸钾（5.2），若橙色消失，应适当补加重铬酸钾（5.2），使水样呈持久的淡橙色，密塞，摇匀。在室温阴凉处放置，可保存 1 个月。

7.2 试样的制备

根据样品特性可以选择以下三种方法制备试样。

7.2.1 高锰酸钾-过硫酸钾消解法

7.2.1.1 近沸保温法

该消解方法适用于地表水、地下水、工业废水和生活污水。

7.2.1.1.1 样品摇匀后，量取 100.0 ml 样品移入 250 ml 锥形瓶中。若样品中汞含量较高，可减少取样量并稀释至 100 ml。

7.2.1.1.2 依次加入 2.5 ml 浓硫酸（5.3）、2.5 ml 硝酸溶液（5.6）和 4 ml 高锰酸钾溶液（5.7），摇匀。若 15 min 内不能保持紫色，则需补加适量高锰酸钾溶液（5.7），以使颜色保持紫色，但高锰酸钾溶液总量不超过 30 ml。然后，加入 4 ml 过硫酸钾溶液（5.8）。

7.2.1.1.3 插入漏斗，置于沸水浴中在近沸状态保温 1 h，取下冷却。

7.2.1.1.4 测定前，边摇边滴加盐酸羟胺溶液（5.11），直至刚好使过剩的高锰酸钾及器壁上的二氧化锰全部褪色为止，待测。

注：当测定地表水或地下水时，量取 200.0 ml 水样置于 500 ml 锥形瓶中，依次加入 5 ml 浓硫酸（5.3）、5 ml 硝酸溶液（5.6）和 4 ml 高锰酸钾溶液（5.7），摇匀。其他操作按照上述步骤进行。

7.2.1.2 煮沸法

该消解方法适用于含有机物和悬浮物较多、组成复杂的工业废水和生活污水。

7.2.1.2.1 按照 7.2.1.1.1 量取样品，按照 7.2.1.1.2 加入试剂。

7.2.1.2.2 向锥形瓶中加入数粒玻璃珠或沸石，插入漏斗，擦干瓶底，然后用高温电炉或可调温电热板加热煮沸 10 min，取下冷却。

7.2.1.2.3 按照 7.2.1.1.4 进行操作。

7.2.2 溴酸钾-溴化钾消解法

该消解方法适用于地表水、地下水，也适用于含有机物（特别是洗净剂）较少的工业废水和生活污水。

7.2.2.1 样品摇匀后，量取 100.0 ml 样品移入 250 ml 具塞聚乙烯瓶中。若样品中汞含量较高，可减少取样量并稀释至 100 ml。

7.2.2.2 依次加入 5 ml 浓硫酸（5.3）、5 ml 溴化剂（5.9），加塞，摇匀，20℃以上室温放置 5 min 以上。试液中应有橙黄色溴释出，否则可适当补加溴化剂（5.9）。但每 100 ml 样品中最大用量不应超过 16 ml。若仍无溴释出，则该消解方法不适用，可改用 7.2.1.2 或 7.2.3 进行消解。

7.2.2.3 测定前，边摇边滴加盐酸羟胺溶液（5.11）还原过剩的溴，直至刚好使过剩的溴全部褪色为止，待测。

注：当测定地表水或地下水时，量取 200.0 ml 样品置于 500 ml 锥形瓶中，依次加入 10 ml 浓硫酸（5.3）和 10 ml 溴化剂（5.9）。其他操作按照上述步骤进行。

7.2.3 微波消解法

该方法适用于含有机物较多的工业废水和生活污水。

7.2.3.1 样品摇匀后，量取 25.0 ml 样品移入微波消解罐中。若样品中汞含量较高，可减少取样量并稀释至 25 ml。

7.2.3.2 依次加入 2.5 ml 浓硝酸（5.5）和 2.5 ml 浓盐酸（5.4），摇匀，加塞，室温静置 30～60 min。若反应剧烈则适当延长静置时间。

7.2.3.3 将微波消解罐放入微波消解仪中，按照表 1 推荐的升温程序进行消解。消解完毕后，冷却至室温转移消解液至 100 ml 容量瓶中，用稀释液（5.18）定容至标线，待测。

表 1 微波消解升温程序

步骤	最大功率/W	功率/%	升温时间/min	温度/℃	保持时间/min
1	1 200	100	5	120	2:00
2	1 200	100	5	150	2:00
3	1 200	100	5	180	5:00

7.3 空白试样的制备

用水（5.1）代替样品，按照 7.2 步骤制备空白试样，并把采样时加的试剂量考虑在内。

8 分析步骤

8.1 仪器调试

按照仪器说明书进行调试。

8.2 校准曲线的绘制

8.2.1 高质量浓度校准曲线的绘制

8.2.1.1 分别量取 0.00、0.50、1.00、1.50、2.00、2.50、3.00 和 5.00 ml 汞标准使用液Ⅰ（5.16），于 100 ml 容量瓶中，用稀释液（5.18）定容至标线，总汞质量浓度分别为 0.00、0.50、1.00、1.50、2.00、2.50、3.00 和 5.00 μg/L。

8.2.1.2 将上述标准系列依次移至 250 ml 反应装置中，加入 2.5 ml 氯化亚锡溶液（5.12），迅速插入吹气头，由低质量浓度到高质量浓度测定响应值。以零质量浓度校正响应值为纵坐标，对应的总汞质量浓度（μg/L）为横坐标，绘制校准曲线。

注：高质量浓度校准曲线适用于工业废水和生活污水的测定。

8.2.2 低质量浓度校准曲线的绘制

8.2.2.1 分别量取 0.00、0.50、1.00、2.00、3.00、4.00 和 5.00 ml 汞标准使用液Ⅱ（5.17）于 200 ml 容量瓶中，用稀释液（5.18）定容至标线，总汞质量浓度分别为 0.000、0.025、0.050、0.100、0.150、0.200 和 0.250 μg/L。

8.2.2.2 将上述标准系列依次移至 500 ml 反应装置中，加入 5 ml 氯化亚锡溶液（5.12），迅速插入吹气头，由低质量浓度到高质量浓度测定响应值。以零质量浓度校正响应值为纵坐标，对应的总汞质量浓度（μg/L）为横坐标，绘制校准曲线。

注：低质量浓度校准曲线适用于地表水和地下水的测定。

8.3 测定

测定工业废水和生活污水样品时，将待测试样转移至 250 ml 反应装置中，按照 8.2.1.2 测定；测定地表水和地下水样品时，将待测试样转移至 500 ml 反应装置中，按照 8.2.2.2 测定。

8.4 空白试验

按照与试样测定相同步骤进行空白试样的测定。

9 结果计算与表示

9.1 结果计算

样品中总汞的质量浓度ρ（μg/L），按照式（1）进行计算。

$$\rho=\frac{(\rho_1-\rho_0)\times V_0}{V}\times\frac{V_1+V_2}{V_1} \tag{1}$$

式中：ρ——样品中总汞的质量浓度，μg/L；

ρ_1——根据校准曲线计算出试样中总汞的质量浓度，μg/L；

ρ_0——根据校准曲线计算出空白试样中总汞的质量浓度，μg/L；

V_0——标准系列的定容体积，ml；

V_1——采样体积，ml；

V_2——采样时向水样中加入浓盐酸体积，ml；

V——制备试样时分取样品体积，ml。

9.2 结果表示

当测定结果小于 10 μg/L 时，保留到小数点后两位；大于等于 10 μg/L 时，保留三位有效数字。

10 精密度和准确度

10.1 高锰酸钾-过硫酸钾消解法

47 家实验室分别对总汞质量浓度为 0.58 μg/L 的统一标准样品进行了测定，实验室内相对标准偏差和实验室间相对标准偏差分别为 8.6%和 28.6%；47 家实验室分别对总汞质量浓度为 0.67 μg/L 的统一标准样品（含有 1.5 mg/L 碘离子）进行了测定，实验室内相对标准偏差和实验室间相对标准偏差分别为 10.2%和 58.0%，详见表 2。

10.2 溴酸钾-溴化钾消解法

47 家实验室分别对总汞质量浓度为 2.27 μg/L 的统一标准样品进行了测定，实验室内相对标准偏差和实验室间相对标准偏差分别为 5.0%和 10.7%；48 家实验室分别对总汞质量浓度为 2.03 μg/L 的统一标准样品进行了测定，实验室内相对标准偏差和实验室间相对标准偏差分别为 4.8%和 11.5%；48 家实验室分别对总汞质量浓度为 2.17 μg/L 的统一标准样品（含有 150 mg/L 碘离子）进行了测定，实验室内相对标准偏差和实验室间相对标准偏差分别为 3.5%和 10.7%，详见表 2。

10.3 微波消解法

10.3.1 精密度

6 家实验室分别对总汞质量浓度为 0.40、2.00 和 4.00 μg/L 的统一样品进行了测定：实验室内相对标准偏差分别为 2.8%～5.4%、1.5%～3.0%、1.1%～3.1%；实验室间相对标准偏差分别为 3.5%、5.5%、1.5%；重复性限分别为 0.05、0.13、0.24 μg/L；再现性限分别为 0.06、0.34、0.28 μg/L。

表 2 高锰酸钾-过硫酸钾消解法及溴酸钾-溴化钾消解法精密度和准确度

样品	参加的实验室数目	删除的实验室数目	标准值/（μg/L）	测得平均值/（μg/L）	标准偏差			
					重复性		再现性	
					绝对	相对/%	绝对	相对/%
A	47	3	0.58	0.58	0.050	8.6	0.166	28.6
B	47	5	0.67	0.56	0.057	10.2	0.326	58.0
C	47	5	2.27	2.42	0.121	5.0	0.259	10.7
D	48	6	2.03	2.02	0.097	4.8	0.231	11.5
E	48	7	2.17	2.20	0.077	3.5	0.235	10.7

10.3.2 准确度

6 家实验室分别对工业废水和生活污水实际样品进行了加标分析测定，加标质量浓度为 2.00 μg/L，加标回收率分别为 98.0%～109%、97.0%～105%；加标回收率最终值分别为 102%±7.8%、101%±6.0%。

11 质量保证和质量控制

11.1 每批样品均应绘制校准曲线，相关系数应大于等于 0.999。

11.2 每批样品应至少做一个空白试验，测定结果应小于 2.2 倍检出限，否则应检查试剂纯度，必要时更换试剂或重新提纯。

11.3 每批样品应至少测定 10%的平行样品，样品数不足 10 个时，应至少测定一个平行样品。当样品总汞含量≤1 μg/L 时，测定结果的最大允许相对偏差为 30%；当样品总汞含量在 1～5 μg/L 之间时，测定结果的最大允许相对偏差为 20%；当样品总汞含量＞5 μg/L 时，测定结果的最大允许相对偏差为 15%。

11.4 每批样品应至少测定 10%的加标回收样品，样品数不足 10 个时，应至少测定一个加标回收样品。

当样品总汞含量≤1 μg/L 时，加标回收率应在 85%～115%之间；当样品总汞含量＞1 μg/L 时，加标回收率应在 90%～110%之间。

12　废物处理

试验过程中产生的残渣、废液不能随意倾倒，须妥善处理。

13　注意事项

13.1　试验所用试剂（尤其是高锰酸钾）中的汞含量对空白试验测定值影响较大。因此，试验中应选择汞含量尽可能低的试剂。

13.2　在样品还原前，所有试剂和试样的温度应保持一致（＜25℃）。环境温度低于 10℃时，灵敏度会明显降低。

13.3　汞的测定易受到环境中的汞污染，在汞的测定过程中应加强对环境中汞的控制，保持清洁、加强通风。

13.4　汞的吸附或解吸反应易在反应容器和玻璃器皿内壁上发生，故每次测定前应采用仪器洗液（5.19）将反应容器和玻璃器皿浸泡过夜后，用水（5.1）冲洗干净。

13.5　每测定一个样品后，取出吹气头，弃去废液，用水（5.1）清洗反应装置两次，再用稀释液（5.18）清洗一次，以氧化可能残留的二价锡。

13.6　水蒸气对汞的测定有影响，会导致测定时响应值降低，应注意保持连接管路和汞吸收池干燥。可通过红外灯加热的方式去除汞吸收池中的水蒸气。

13.7　吹气头与底部距离越近越好。采用抽气（或吹气）鼓泡法时，气相与液相体积比应为 1∶1～5∶1，以 2∶1～3∶1 最佳；当采用闭气振摇操作时，气相与液相体积比应为 3∶1～8∶1。

13.8　当采用闭气振摇操作时，试样加入氯化亚锡后，先在闭气条件下用手或振荡器充分振荡 30～60 s，待完全达到气液平衡后才将汞蒸气抽入（或吹入）吸收池。

13.9　反应装置的连接管宜采用硼硅玻璃、高密度聚乙烯、聚四氟乙烯、聚砜等材质，不宜采用硅胶管。

附　录　A
（资料性附录）
密闭式反应装置

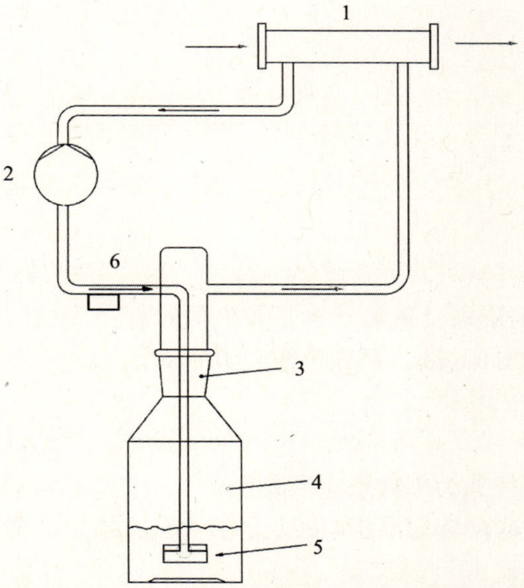

1——吸收池，内径 2 cm，长 15 cm，材质为硼硅玻璃或石英，吸收池的两端具有石英窗；
2——循环泵（隔膜泵或蠕动泵），流量为 1～2 L/min；
3——玻璃磨口（29/32）；
4——反应瓶，100、250 和 1 000 ml；
5——多孔玻板；
6——流量计。
注：该反应装置的泵、连接管和流量计宜采用聚四氟乙烯、聚砜等材质。

图 A.1　密闭式反应装置

附加说明：

本标准由环境保护部科技标准司组织制订。

本标准主要起草单位：大连市环境监测中心。

本标准验证单位：沈阳市环境监测中心站、鞍山市环境监测中心站、抚顺市环境监测中心站、丹东市环境监测中心站、长春市环境监测中心站和哈尔滨市环境监测中心站。

本标准由环境保护部解释。

中华人民共和国环境保护行业标准

水质　汞的测定　冷原子荧光法（试行）

HJ/T 341—2007

Water quality-Determination of mercury-cold atomic fluorescent spectrophotometry

2007-03-10 发布　　2007-05-01 实施

1　适用范围

本标准适用于地表水、地下水及氯离子含量较低的水样中汞的测定。方法最低检出质量浓度为 0.001 5 μg/L，测定下限为 0.006 0 μg/L，测定上限为 1.0 μg/L。

2　原理

水样中的汞离子被还原剂还原为单质汞，形成汞蒸气。其基态汞原子受到波长 253.7 nm 的紫外光激发，当激发态汞原子去激发时便辐射出相同波长的荧光。在给定的条件下和较低的质量浓度范围内，荧光强度与汞的质量浓度成正比。

3　试剂

本标准所用试剂除另有注明外，均为符合国家标准的分析纯化学试剂，其中汞含量要尽可能少；实验用水为新制备的去离子水。

如使用的试剂导致空白值偏高，应改用级别更高或选择某些工厂生产的汞含量更低的试剂，或自行提纯精制。

配制试剂或试样稀释定容，均使用无汞蒸馏水（3.1）。试剂一律盛于磨口玻璃试剂瓶。

3.1　无汞蒸馏水：二次重蒸馏水或电渗析去离子水通常可达到此纯度。

3.2　硫酸：$\rho(H_2SO_4)_{20}$＝1.84 g/ml，优级纯。

3.3　硝酸：$\rho(HNO_3)_{20}$＝1.42 g/ml，优级纯。

3.4　盐酸：$\rho(HCl)_{20}$＝1.18 g/ml，优级纯。

3.5　洗涤溶液：将 2 g 高锰酸钾（$KMnO_4$，优级纯）溶解于 950 ml 水中，加入 50 ml 硫酸（3.2）。

3.6　固定溶液：将 0.5 g 重铬酸钾（$K_2Cr_2O_7$，优级纯）溶解于 950 ml 水中，加入 50 ml 硝酸（3.3）。

3.7　50 g/L 高锰酸钾溶液：将 50 g 高锰酸钾（$KMnO_4$，优级纯，必要时重结晶精制）用蒸馏水（3.1）溶解，稀释至 1 000 ml。

3.8　100 g/L 盐酸羟胺溶液：将 10 g 盐酸羟胺（$NH_2OH \cdot HCl$）用蒸馏水（3.1）溶解，稀释至 100 ml。将此溶液每次加入 10 ml 含双硫腙（$C_{13}H_{12}N_4S$）20 mg/L 的苯（C_6H_6）溶液萃取 3～5 次。

3.9　100 g/L 氯化亚锡溶液：将 10 g 氯化亚锡（$SnCl_2 \cdot 2H_2O$），在无汞污染的通风橱内加入 20 ml 盐酸（3.4），微微加热助溶，溶后继续加热几分钟除汞，或者将此溶液用经洗涤溶液洗涤的空气以 2.51 L/min 流速曝气约 1 h 除汞，然后用蒸馏水（3.1）稀释至 100 ml。

3.10　汞标准贮备溶液：称取在硅胶干燥器中放置过夜的 0.135 4 g 氯化汞（$HgCl_2$），用固定溶液（3.6）溶解，移入 1 000 ml 容量瓶（A 级）中，再用固定液（3.6）稀释至刻度，摇匀，此溶液每毫升含 100 μg 汞。

3.11 汞的中间溶液：吸取汞标准贮备溶液（3.10）适当体积，用固定溶液（3.6）稀释至每毫升含 10 μg 汞，摇匀。

3.12 汞标准使用溶液：吸取汞的中间溶液（3.11），用固定溶液（3.6）逐级稀释至每毫升含 100 ng 汞。

3.13 玻璃器皿：测汞所用的玻璃器皿，均应用洗涤溶液浸泡煮沸 1 h。为避免玻璃壁有可能出现褐色二氧化锰斑点，须趁热取出玻璃器皿，用水冲洗干净备用。

4 仪器

4.1 数字荧光测汞仪。

4.2 记录仪或显示器、计算机等数据处理系统。

4.3 远红外辐射干燥箱（烘箱）。该烘箱体积小，适用于含汞水样的消化。

4.4 1.0 ml 和 10 μl 微量进样器。

4.5 高纯氩气或氮气。

5 干扰的消除

本方法采用高纯氩气或氮气作载气。为避免在测量操作过程中进入空气，采用密封形还原瓶进样技术。激发态汞原子与无关质点，如 O_2、CO_2、CO 等碰撞而发生能量传递，造成荧光猝灭，从而降低汞的测定灵敏度。

6 试样制备

6.1 将新采水样充分摇匀后，立即准确吸取 10 ml，注入 10 ml 具塞比色管中。

6.2 比色管中加入 0.1 ml 浓硫酸（3.2）（用滴管加 4 滴）、0.1 ml 高锰酸钾溶液（3.7）（用滴管加 1～2 滴，以能保持水样呈紫红色为准），如果不能至少在 15 min 维持紫色，则混合后再补加适量高锰酸钾溶液，以使颜色维持紫色。加塞摇匀，置金属架上，放于专用烘箱内，在比色管上加一个瓷盘盖，防止水样受热管塞跳出，于 105℃消化 1 h，取出冷却。

6.3 临近测定时，边摇边滴加 0.05 ml 盐酸羟胺溶液（3.8），摇动直至刚好将过剩的高锰酸钾褪色为止。取 1.0 ml 上机测定。

7 测定

7.1 仪器工作条件。

下表中仪器工作参数供参考。

元素	光电管负压/V	载气 Ar 流量/（ml/min）	屏蔽 Ar 流量/（ml/min）	仪器测量（挡）	记录仪/mV	进样量/ml
Hg	550	120	500	×5	10	1.0

7.2 按表中工作条件调好仪器，预热 1 h，将控制阀（简称阀）转至准备挡，用 1 ml 注射器向进样口注入 1.0 ml 蒸馏水（3.1），按动氯化亚锡按钮，即加入 0.2 ml 氯化亚锡溶液（3.9），以清扫汞发生器及其管道。反复测定直到水空白值为 5 个数字左右，才可对试剂空白、汞标准曲线系列溶液和水样进行测定。绘制汞的标准曲线，计算水样中汞的含量。

8 校准

8.1 标准曲线法。

取 10 ml 具塞比色管（A 级）6 支，加入 10 ml 蒸馏水（3.1），用 10 μl 微量注射器（A 级）分别加入 100 ng/ml 汞标准使用溶液（3.11）0、2、4、6、8、10 μl，摇匀。分别加入 4 滴硫酸（3.2），1 滴高锰酸钾（3.7），摇匀。再用盐酸羟胺溶液（3.8）1 滴还原后测定。

8.2 标准加入法。

取 10 ml 具塞比色管（A 级）7 支，其中 1 支加入蒸馏水（3.1）作空白，其余 6 支分别加入 10 ml 含汞量低的水样，加入 100 μg/L 汞标准使用溶液 0、2、4、6、8 和 10 μl，摇匀。以下按试样制备步骤操作和测定。

最后以扣除空白（零标准溶液）后的标准系列各点测定值（与汞质量浓度成正比的）为纵坐标，以相应标准试样溶液汞质量浓度为横坐标，绘制测定值-浓度校准曲线。

9 结果的计算

汞的质量浓度按下式计算：

$$\rho(\mathrm{Hg})=\frac{m}{V}$$

式中：ρ(Hg)——汞的质量浓度，μg/L；

m——根据校准曲线计算出的水样中汞量，ng；

V——取样体积，ml。

10 精密度和准确度

10.1 精密度。

对汞质量浓度为 10～100 ng/L 的地表水和地下水样品进行 11 次测定，其相对标准偏差小于 3%。

10.2 准确度。

向水样加入汞标准量，最终质量浓度为 20～100 ng/L，回收率在 90%～110%。

附加说明：

本标准由国家环境保护总局科技标准司提出。

本标准由国家环境保护总局水和废水监测分析方法编委会组织中国环境监测总站等单位起草。

本标准由国家环境保护总局解释。